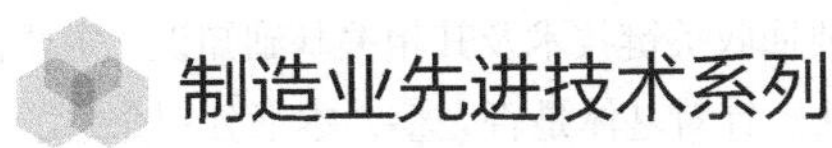

涂层 WC-Co 硬质合金回收利用技术

邝海 著

机 械 工 业 出 版 社

涂层是废旧金属资源再生利用的难点和热点。本书以涂层为主要研究对象，系统介绍了涂层WC-Co硬质合金的主要回收关键技术及其相关基础知识，主要包含化学法、锌熔法、电解法和氧化还原法。针对基体是否完整，本书分别介绍了不同的回收方法及作用机理，并在此基础上，介绍了涂层对回收工艺参数及再生产品性能的影响。本书在理论上进行了阐述并提出了应用思路，总结了一定规律和发展趋势，具有学术性、实用性及创新性。

本书内容丰富，涉及回收工艺、理论、测试、再生产品应用等，具有可读性和广泛的适用性，可供硬质合金回收企业从业者、高等院校及科研院所硬质合金研究人员使用，也可以作为高等院校机械制造、材料科学与工程等相关专业学生的参考书。

图书在版编目（CIP）数据

涂层 WC-Co 硬质合金回收利用技术 / 邝海著.
北京 ：机械工业出版社，2024. 10. -- (制造业先进技术系列). -- ISBN 978-7-111-76827-2

Ⅰ. X753

中国国家版本馆 CIP 数据核字第 2024HH9510 号

机械工业出版社（北京市百万庄大街22号　邮政编码100037）
策划编辑：孔　劲　　　　责任编辑：孔　劲　李含杨
责任校对：李　杉　李　婷　封面设计：马精明
责任印制：李　昂
北京捷迅佳彩印刷有限公司印刷
2024年12月第1版第1次印刷
169mm×239mm · 8.25印张 · 151千字
标准书号：ISBN 978-7-111-76827-2
定价：59.00 元

电话服务　　　　　　　网络服务
客服电话：010-88361066　机 工 官 网：www.cmpbook.com
　　　　　010-88379833　机 工 官 博：weibo.com/cmp1952
　　　　　010-68326294　金 书 网：www.golden-book.com
封底无防伪标均为盗版　机工教育服务网：www.cmpedu.com

前　言

钨是一种战略资源，相关行业对钨资源的需求日益增长，按照目前消费速度，现有储备钨不久将消耗殆尽。相对于原生碳化钨粉末生产，从废硬质合金中回收钨资源投资更少，能有效降低生产成本，获得较大的经济效益，可减少 CO_2 排放量，从而减弱了对环境的破坏，符合发展循环生态经济的要求，有利于钨资源的充分利用。近年来，废硬质合金回收利用成为各界瞩目的焦点。高效合理的回收再利用钨废料十分紧迫和必要。目前，企业主要回收无涂层硬质合金，而对数量巨大的废涂层硬质合金回收较少，主要原因是涂层硬质合金的结构复杂，含有 Al、Nb、Ta、Cr 等元素。在回收过程中，涂层与基体成分、添入物质等相互作用，影响硬质合金回收工艺的稳定性，容易残留在再生产品中进而影响性能。深入探索并找到有效回收涂层硬质合金的工艺，提高再生产品的性能和回收料的再生利用率，是当今亟待解决的难题。

本书从涂层硬质合金回收的必要性和紧迫性出发，对目前常用的涂层硬质合金回收方法，如电解法、锌熔法、化学法和氧化还原法进行了深入研究，阐述了各种回收过程中工艺参数的精确控制、涂层的影响以及作用机理。本书共 7 章，第 1 章对涂层硬质合金回收背景进行了阐述，重点介绍了常见硬质合金表面涂层材料及结构、常用硬质合金回收方法及再生利用技术。第 2 章重点介绍了涂层硬质合金回收工艺，从所用原料到回收过程中用到的主要设备，再到常用测试方法，都一一进行了详细的阐述。第 3~6 章系统研究了化学法、电解法、锌熔法及氧化还原法回收废涂层硬质合金的工艺规律及作用机理，详细论述各种方法的工艺参数，重点分析单涂层及多涂层在回收过程中对回收工艺的影响、去除规律及微观作用机理，详细阐述了再生硬质合金的制备及性能控制。第 7 章结合新时代钨资源短缺背景，进一步剖析了各类废涂层硬质合金适合的回收方法，并对未来涂层硬质合金回收方向进行了展望。

不同于其他种类的材料科学与工程书籍，本书在介绍金属相关知识的同时，密切结合当前时代背景，充分体现了与时俱进。同时，本书系统研究了如何利用化学法、电解法、锌熔法及氧化还原法回收涂层硬质合金，详细分析了涂层对回收工艺、再生硬质合金产品性能的影响，对回收过程中物质间、界面间的作用机理等内容都进行了系统论述，采用本书所述方法得到的再生硬质合金产品性能能够达到国家标准，满足基本要求，为金属回收企业及相关人员学习和研究提供了新的思路。

本书在撰写过程中参考并借鉴了许多专家学者的研究成果和观点，在此对相关作者表示最诚挚的谢意！另外，由于时间和精力有限，书中难免存在不足和疏漏之处，敬请广大学者和读者批评指正。

邝　海

目　录

前言

第1章 涂层硬质合金回收概述

1.1 涂层硬质合金回收背景

钨是一种战略资源，广泛应用于航空、军事等领域。随着全球经济的发展，相关行业对钨资源的需求日益增大，但其主要来源——钨矿生产增长率较低。按照目前的消费速度，现有储备钨不久将消耗殆尽[1-3]。除了提高钨矿的产出率，废硬质合金的回收是钨资源的有效补充途径。相对于原生碳化钨粉末生产，从废硬质合金中回收钨资源，投资更少，有效降低了企业成本，可获得较大经济效益，可减少 CO_2 排放量，从而减弱了其对环境的破坏，符合发展循环生态经济的要求[4-6]，有利于钨资源的充分利用。近年来，废硬质合金回收利用成为各界瞩目的焦点。世界著名硬质合金企业，如美国肯纳金属有限公司专门采用先进设施用于回收钨资源，山特维克集团和山高刀具等硬质合金公司也在回收利用废硬质合金[7]。目前，我国硬质合金的应用技术水平低于先进国家，因此对钨废料高效的回收再利用就显得十分紧迫和必要。

涂层硬质合金具有良好的耐磨性、抗氧化性和耐蚀性，广泛应用于国防、航空，尤其是数控领域，85%的数控刀片都是涂层硬质合金[8]。在刀片的制备过程中产生的残次品及充分使用后的废涂层硬质合金刀片数量巨大。除了主要成分碳化钨和钴，涂层硬质合金中还含有以碳化物形式存在的Nb、Ta等稀有金属，这些碳化物若能保留在再生硬质合金中，就可以提高其硬度和抗弯强度。废涂层硬质合金的回收利用，可以提高稀有金属的综合利用率，缓解钨资源短缺问题。相对于无涂层硬质合金，涂层硬质合金结构复杂，含有Al、Nb、Ta、Cr等元素。在回收过程中，涂层与基体成分、添入物质等相互作用，影响硬质合金回收工艺的稳定性，容易残留在再生产品中并影响性能[9]。深入探索并找到有效回收涂层硬质合金工艺，提高再生产品性能和回收料再生利用率，是当今亟待解决的难题。

1.2 常见硬质合金表面涂层材料及结构

1.2.1 硬质合金表面涂层材料

常见的硬质合金表面涂层材料一般具有良好的耐磨性、耐蚀性和抗氧化性，并具有高硬度、高熔点和良好的稳定性，目前，常用的硬质合金表面涂层材料有碳化物、氮化物和氧化物，主要包括以下几种。

（1）碳化钛（TiC） 灰色的碳化钛是较早出现的涂层材料之一。常温下，碳化钛涂层较稳定，随着温度升高稳定性变差。致密的碳化钛涂层在800℃以下难以被氧化，当温度高于1200℃时，碳化钛可以与氮气反应，生成另一种常用涂层材料TiCN；当温度高于1500℃时，碳化钛在氢气中加热会脱碳[10, 11]。碳化钛的耐蚀性较好，不溶于盐酸，但能溶于王水和硝酸[12, 13]。氮化钛涂层刀具因为形成较脆的脱碳层而容易断裂。

（2）氮化钛（TiN） 氮化钛涂层为金黄色，抗月牙磨损性较好，可大幅提高硬质合金寿命，被广泛应用于硬质合金领域[12, 13]。在常温下，氮化钛具有良好的化学稳定性，不容易分解，不与盐酸、硫酸发生反应，能完全溶解于含有氧化剂混合的氢氟酸中[14]。当温度高于550℃或高速加工时，氮化钛涂层容易发生氧化[15]。氮化钛涂层与基体结合性较差，因此一般与其他涂层作为复合涂层使用。

（3）氮碳化钛（TiCN） 氮碳化钛涂层是将碳添入TiN涂层中，C原子代替了部分N原子而形成的，可根据碳和氮的成分控制涂层形成梯度结构以降低应力[16]。氮碳化钛涂层兼有氮化碳和碳化钛涂层的特点，具有良好的韧性和硬度，是一种理想的涂层材料，适用于高速钢刀具。

（4）氮铝钛或氮钛铝（TiAlN或AlTiN） 在TiN中添入Al元素后，根据钛与铝的比例不同，可形成TiAlN或AlTiN涂层。该涂层在高温条件下表面会形成氧化铝薄膜，进而阻止合金被进一步氧化，因而具有良好的抗高温氧化性[15, 17]。AlTiN涂层的硬度高于TiAlN，是高速加工刀具的理想选择。

（5）氧化铝（Al_2O_3） 一般是用化学气相沉积法制备性质稳定的α-Al_2O_3作为涂层材料，具有优异的化学稳定性，不容易分解，也很难与其他物质发生反应。相对于其他涂层，氧化铝涂层具有高硬度、高温抗氧化性、良好的耐磨性和抗热塑性变形能力，同时具有较低的摩擦系数，是理想的抗高温刀具涂层材料[10, 18]。宋诚等人[10]的试验表明，在1000℃高温下，氧化铝的抗氧化性能较好。氧化铝有七种晶型，但大多为亚稳相，只有 α-Al_2O_3 为稳定氧化物[19, 20]。当在硬质合金表面采用化学气相沉积（CVD）法制备氧化铝涂层时，κ-Al_2O_3 与 α-Al_2O_3 相互伴生。两者比较，α-Al_2O_3 的晶粒尺寸更大，并且位错、孔洞等晶体缺陷更多[10, 18]，如何有效得到结构更紧密、晶粒尺寸更小的纯 α-Al_2O_3，降低其脆性，是未来氧化铝涂层的研究方向。

1.2.2 硬质合金表面涂层结构

早期涂层多以 TiC、TiN、Al_2O_3 等单涂层为主，随着涂层技术的发展，从双涂层、三涂层到目前最多的十几层涂层出现并应用。各涂层的结构、性能和特点差异很大，对材料、工艺的匹配要求也更加严格。

1. 单涂层

20 世纪 70 年代初，Iwai 等人[21]发现，基体表面涂上厚度约 0.5μm 的 TiC 后，硬质合金脆性相的形成得到消除，结合性也相当好，刀具切削速度和使用寿命都得到大幅提升。这一发现解决了硬质合金与涂层结合的问题，也为复合涂层实现提供了思路。TiN 单涂层摩擦系数小，在工艺方面发展最成熟，至今仍受消费者欢迎。TiAlN 涂层在高温时产生氧化铝薄膜，进而阻止硬质合金进一步氧化，因此具有良好的抗氧化能力。TiAlN 涂层硬质合金的使用寿命比 TiN 涂层硬质合金提高数倍，在高速硬质合金刀具领域应用广泛。

2. 多涂层

现代加工更加精细化，对刀具材料的硬度、强度与韧性要求更高，需要材料具备更高的耐热性和耐磨性。单涂层难以满足这些要求，多涂层逐渐占领市场。

氧化铝性质稳定，具有良好的抗高温氧化性，常被用作多层涂层材料。目前用得较多的三涂层有 TiCN/Al_2O_3/TiN。TiCN/Al_2O_3/TiN 多层复合涂层 WC-Co 硬质合金是当今主流刀片使用的材料，相应的废涂层硬质合金刀片数量巨大，其回收再生利用有很大潜力。

常用的多层复合涂层如图 1-1 所示，大致划分为 3 个区域[22]。

1）基体 - 涂层区域。这部分材料要求与基体材料匹配较好，结合强度高，避免因为热膨胀系数不匹配而产生应力，导致涂层开裂或脱落。TiC 或 TiCN 因具有良好的黏结性，多用作与基体之间的界面层。

2）工作区域。这是涂层的主体部分，决定了硬质合金的硬度、强度等综合性能。在该区域中，TiN 和 TiAlN 使用较多，Al_2O_3 因具备良好的高温抗氧化性能也常被用作工作层。

3）表面区域。该区域与工件直接接触，要求耐磨性较好。TiN 涂层具有良好的自润滑性，经常被用作该区域材料。

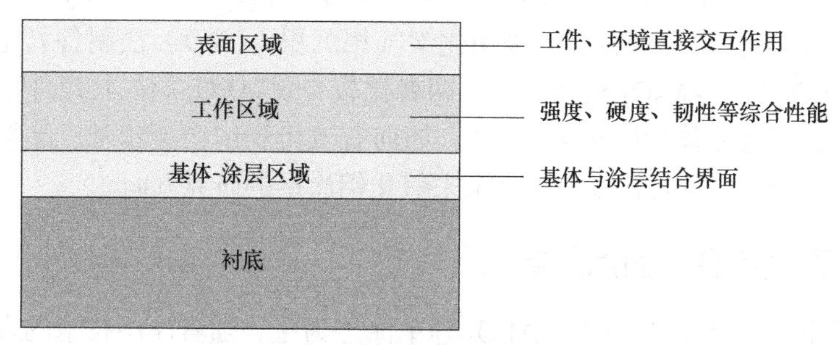

图 1-1　常用的多层复合涂层

1.3 常用废硬质合金回收方法

1.3.1　电解法

电解法回收废硬质合合金，主要通过电解过程分离钴和碳化钨，再经过清洗等工艺得到碳化钨粉末。通过电解法回收废硬质合金生产出的碳化钨粉末纯度较高。

1.3.1.1　电解法回收原理

大部分废硬质合金的回收过程就是分离黏结相和碳化钨的过程。钴元素较活泼，可溶于硝酸、硫酸、盐酸等，其中盐酸价格较便宜，经常被作为电解质[23]。将配置好的盐酸倒入容器中，废硬质合金装入阳极框中，插入钛板作为阳极板，阴极一般选择铜板或石墨板，电解过程中发生如下化学反应[24, 25]：

$$2Co+2HCl \rightarrow 2CoCl+H_2 \quad (1\text{-}1)$$

在电解过程中，钴被氧化并溶解在电解液中，而原废硬质合金只剩下片状碳化钨骨架，再经过清洗、球磨工序，即可得再生 WC 粉末。溶解在溶液中的钴经过一系列处理可得再生钴[26]。

1.3.1.2　电解法回收硬质合金的影响因素

电解法回收废硬质合金受槽电压、电解液类型及其浓度等的影响。

1. 槽电压

在电解法回收废硬质合金过程中，槽电压过低，会导致电解速度较慢，甚至电解反应无法发生，随着槽电压升高，电解速度加快。但是，槽电压也不能太高，过高的槽电压下电解容易产生氯气，反而会降低电解效率。根据实践经验，槽电压应控制在 2V 以下，可以防止钝化。

2. 电解液类型及其浓度

常用的电解液可以分为碱性电解液和酸性电解液两种，还有一些复合电解液[26]。碱性电解液有氢氧化钠和氢氧化钾，常用的酸性电解液主要有盐酸、硝酸和硫酸。硝酸挥发性强，不利于操作者健康[23]；硫酸因腐蚀性及氧化性太强，操作起来不方便；盐酸导电性较好，相同条件下溶钴较快且盐酸价格相对较便宜，常被用作硬质合金回收电解液[26]。作为电解液的盐酸，其浓度不能过高，否则容易引起氯气析出，导致阳极钝化，但浓度过低会降低电解回收效率，通常 c（HCl）以 1.0~1.5mol/L 为宜[25]。

1.3.1.3　电解法回收废硬质合金存在的问题

经过多年的发展，电解法已在废硬质合金回收企业得到广泛应用，但仍存在如下问题。

1. 阳极钝化严重影响电解效率

电解法回收废硬质合金过程中的最大问题之一就是阳极钝化，即阳极电流密度超过临界值时，阳极发生氧化，使 WC 表面产生氧化膜，导致电解速度降低，甚至电解过程难以进行。近年来，涂层硬质合金的回收引起了人们的重视。在用电解法回收涂层硬质合金的过程中，涂层延缓了电解液进入基体，阳极钝化更容易发生，导致回收速率下降。涂层更容易残留在回收料中，导致回收 WC 粉末纯度降低。

为提高电解效率，可以通过控制槽电压等参数减缓阳极钝化，使用交流电也是解决阳极钝化的一种有效方法。孙本良等人[27]研究了动态电解法来减缓阳极钝化，即在电解过程中通过球磨以去除表面氧化物，WC 回收率高达 97%。柴立元等人[28]设计了钽箔制成的旋转鼓阳极电解装置，依靠转动的机械力减缓阳极钝化，保证废料正常溶解。储志强[29]的研究表明，电解过程中，ZT 助裂防氧剂的加入是减缓阳极钝化的一种有效方法。张外平[25]将废硬质合金顶锤碎片破碎至尺寸小于 4mm，在合适的电解条件下不会发生阳极钝化，结果表明，破碎可以减缓阳极钝化。

2. 应用范围小

电解法适用于 w(Co)>10% 的钨钴类（YG）硬质合金[30, 31]，钴含量稍低的废硬质合金破碎后可以尝试用电解法回收，但电解速度较慢，破碎无法从根本上解决该问题。提高回收效率及再生产品性能是今后电解法回收硬质合金的主要发展方向。严格控制电解参数是提高电解效率的有效途径。将物理法与化学法相结合，如电解前破碎废硬质合金，也可提高回收效率。

1.3.2 锌熔法

英国粉末合金公司于20世纪50年代发明了用锌熔法回收废硬质合金，1975年用于工业生产。目前，锌熔法已成为我国主要的废硬质合金回收方法。与其他回收方法相比，锌熔法回收率高，可达95%以上[32]；操作简单，流程短，可以直接处理WC-Co硬质合金废料[33]。废硬质合金经清洗后放入真空炉中加热，被熔散得到组成硬质合金的原料组分，只需再经过简单的研磨后即可制备出硬质合金，减少了化学法中由钨酸再制成碳化物的焙烧、还原、碳化、破碎等工序。

1.3.2.1 锌熔法回收原理

锌熔法回收废硬质合金的过程主要分为熔散和蒸锌两个相互联系的工序，具体过程为：将废硬质合金置于真空炉中，在高温（一般为850~1000℃）下保温，硬质合金中的Co与Zn形成Zn-Co低熔点合金，使黏结金属Co从硬质合金中分离出来。同时，锌液向硬质合金中扩散，造成硬质合金分层和脱落[34]，从而破坏了硬质合金的结构，直至全部废硬质合金变成Co-Zn相和碳化钨的混合物。在这个过程中，Zn只与Co发生反应，而不与碳化钨发生反应，故不会破坏碳化钨结构。其体积效应是导致碳化钨骨架松散的主要原因。之后，因为Zn的蒸气压远远大于Co的蒸气压，可用蒸馏法将Zn去除，最终得到WC与Co的混合物。

1.3.2.2 锌熔法回收废硬质合金的影响因素

1. 熔散过程的主要影响因素

熔散过程主要与锌、废硬质合金等原料有关，真空炉中温度也对其影响很大。

1）废硬质合金粒度。废物料的粒度与熔散所用时间成正比，即在同样的条件下，物料粒度越小，完成熔散过程所用时间越短。为了提高回收效率，缩短周期，大块的硬质合金废料应在回收前先进行破碎。

2）废硬质合金层的厚度。废硬质合金层的厚度越大，所需熔散时间越长。合金层较厚时，熔融锌液难以与废硬质合金充分反应。目前，许多企业将石墨坩埚改为浅平的多层叠合石墨料盘以降低厚度，有利于缩短回收周期。

3）锌与废硬质合金的质量比。锌量越充足，回收率越高，但过多的锌会增大蒸锌成本。工业生产中，锌与钨废料的质量比一般为1∶1~1∶1.5。实际上，在锌熔法回收过程中，Zn主要与硬质合金中的Co发生反应，精确的物料比应根据钨废料中的Co含量而定。

4）保温温度。真空炉中温度越高，熔散时间越短，高温熔散是提高锌熔法效率的有力手段。但是，过高的温度会导致Zn沸腾蒸发，熔散温度不应高于 Zn 的沸点（907℃）。刘秀庆等人[35]认为，保温温度接近 $CoZn_4$ 合金相熔点，可以保证废硬质合金完全熔散。若设备条件允许，在通入一定压力的保护气体条件下，可以适当提高熔散温度，缩短回收周期。

2. 蒸锌工序的主要影响因素

蒸锌过程是将锌蒸发后得到碳化钨与钴的复合粉末。温度越高，蒸锌速度越快。但是，蒸锌温度过高条件下得到的物料易结块，从而增加了破碎难度，在常压下，脱锌温度控制在1000℃以内[36]。蒸锌过程还受物料表面积和炉内压力的影响。

1.3.2.3 锌熔法回收废硬质合金存在的问题及改进方向

目前，锌熔法仍被看作是最重要的废硬质合金回收方法之一，但在实际运用中存在诸多问题，应进一步深入研究。

1. 回收料中存在残留锌

Zn 是锌熔法再生料生产过程中唯一刻意加入的“杂质”元素，蒸发后少量残留在回收粉末中。购买锌熔法再生 WC 粉末时，Zn 含量会作为一个很重要的指标。Zn 含量高的 WC 粉末在制备再生硬质合金烧结过程中会造成 Co 表面迁移，导致合金性能降低，一般认为，Zn 含量很低时不会影响最终产品质量。Zn 残留也降低了锌的回收利用率，采用二次蒸锌的方式可以减少 Zn 残留在回收粉末中，但能耗较高，增加了回收成本。锌熔法回收废硬质合金过程中需严格控制 Zn 含量。

2. 回收料中杂质多

除了残留的 Zn 元素，锌熔法再生回收料中常见的杂质还有 Fe、Si、Al、Mg 等，这些杂质会引起再生硬质合金中产生孔隙等缺陷，导致再生产品性能稳定性下降[37, 38]。杂质来源是多方面的：

1）原料 Zn 和废硬质合金。原料锌纯度很难达到100%，难免含有 Pb、Fe、Cu、Cd 等杂质元素，可能会残留在回收料中。硬质合金在使用过程中不可避免与金属接触，因此可能会黏附 Cu、Fe 等杂质，这些杂质经过清洗后未必能完全去除，是回收料中杂质的一个来源。

2）回收设备。锌熔法回收废硬质合金过程中需用到石墨坩埚，其中含有 Si 等杂质元素，在回收过程中可能扩散到回收料中。韩培德等人[38]通过试验表明，石墨坩埚经两个月的使用后，内壁表面 Si 含量明显下降，而 Co、Zn 和 W 元素的含量升高，表明石墨坩埚中的 Si 等杂质可能进入回收料中。

这些杂质使得回收料成分复杂，影响再生硬质合金的性能。韩培德等人[38]系统分析了锌熔法回收料，认为杂质导致再生硬质合金中夹杂缺陷较多，这是再生硬质合金性能不佳且不稳定的主要原因。戴珍等人[39]通过试验表明，添加稀土元素 Y 能在一定程度上减小再生硬质合金晶粒尺寸，并能改善杂质形态，采用 Y_2O_3/Co 复合粉的稀土添加方式会使晶粒细化作用更为明显。赵万军[37]认为，锌熔法回收废硬质合金所得的 WC 粉末比原生 WC 粉末中的碳含量更充足，可通过调碳的方式生产出性能较好的硬质合金。这些成果为废硬质合金的有效回收提供了借鉴，但缺乏系统性和确定性，很多研究还处在试验探索阶段，锌熔法回收料质量不高的问题并没有根本解决，仍需要结合实际应用进行更深入的研究。

3. 涂层的影响有待研究

涂层硬质合金的表面涂层成分复杂，不易处理，目前常见的硬质合金涂层材料有 TiC、TiN、TiCN 和 Al_2O_3 等。在锌熔法回收涂层硬质合金过程中，涂层与锌、基体之间相互作用，影响工艺稳定性，涂层元素容易残留在回收产品中，回收料中的杂质除了之前分析的 Fe、Si、Mg 等元素，还可能含有 Al 等涂层元素杂质。研究表明，这些杂质将影响再生硬质合金性能，过高的 Ti 含量导致硬质合金韧性降低，Al 元素可能会引起硬质合金硬度和致密度下降[40]。

锌熔法回收废硬质合金急需技术革新，主要改进方向如下：

1）先将涂层去除以减低涂层杂质含量，再用常规锌熔法工艺回收，提高再生产品性能。该方法的关键是涂层的去除。

2）锌熔法和去杂相结合[41]。废涂层硬质合金经过清洗后直接用锌熔法回收，再采用其他方法去除或降低回收料中杂质含量。

锌熔法回收废硬质合金已经取得了很大突破，还存在回收料中杂质多等不足，尤其是回收废涂层硬质合金时情况更复杂，涂层对锌熔法回收过程及再生料的影响报道较少，还需深入研究。

1.3.3 氧化还原法

氧化还原法是乌克兰的 Bondarenko 等人[42]开发的一种短流程干性回收方法，目前已在乌克兰和乌兹别克斯坦工厂中应用，得到的回收料制备的再生硬质合金符合乌克兰国家标准。与其他回收方法相比，氧化还原法只需用到管式炉等常用设备，不需要酸碱等腐蚀性化学试剂，也不会产生对环境有污染的物质。可以采用氧化还原法生产细颗粒合金，因为回收过程中晶粒解体，回收料的粒度可控[43]。

1.3.3.1 氧化还原法回收原理

氧化还原法是一种将高密度的废硬质合金转化成松散的氧化物，然后再制备成 WC-Co 复合粉末的过程，主要包含氧化、还原及碳化三个过程，其工艺流程如图 1-2 所示，具体过程为：将清洗干燥后的废硬质合金放入氧化炉中，在 600~1000℃下保温数小时[43]，经过充分氧化后废硬质合金体积膨胀，完全转化为多孔的氧化钨（WO_3）和钨酸钴（$CoWO_4$）的混合物，两者比重随废料中钴含量的不同而变化；将所得氧化物破碎研磨后放入还原炉中，通入氢气还原再处理，得到含钨、钴单质或化合物的混合粉末；适量配碳后，经球磨，在合适温度（低于钴熔点 1495℃）下通入氢气，发生碳化反应，或者不添加炭黑，通入其他含碳气体作为碳源，在合适温度下碳化，得到 WC-Co 混合粉末。有研究将还原和碳化合并成一个工序，主要工序只含氧化和碳化还原两个过程。

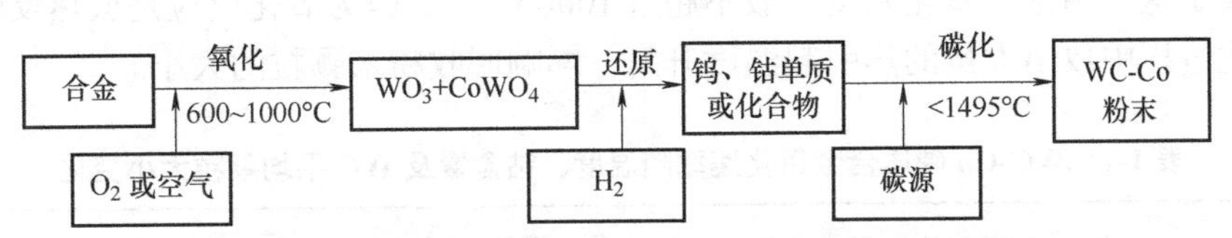

图 1-2　氧化还原法回收 WC-Co 硬质合金的工艺流程

1.3.3.2　氧化还原法回收硬质合金的影响因素

1. 氧化过程中的影响因素

氧化工艺是氧化还原法回收硬质合金的第一步，也是至关重要的一个工序，决定了碳化钨的回收率。如图 1-3 所示[44]，WC-Co 硬质合金在空气或氧气中加热，表面的 WC-Co 首先与氧气发生反应，伴随 CO_2 等气体产生和挥发。充分氧化后，最终的氧化产物为氧化钨和钨酸钴的混合物。

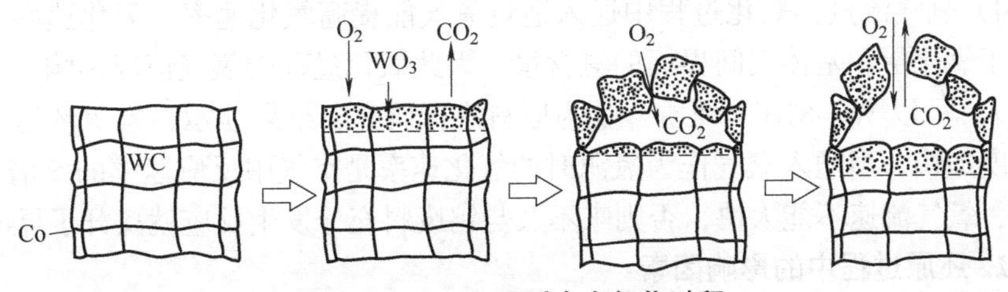

图 1-3　WC-Co 硬质合金氧化过程

氧化过程受硬质合金和氧气情况影响。

1）废硬质合金质量。完全氧化时间 τ 受样品本身质量影响，可以用以下公式描述：

$$\tau = x m_o^y \tag{1-2}$$

式中　x 和 y——与温度有关的常数；

τ——氧化时间，主要取决于物料本身质量 m_o[45]。

研究显示，在 850~1050℃条件下的空气氛围中氧化 BK-6（俄罗斯牌号，相当于我国的 K20）合金，10g 合金在 3~4h 内可以完成氧化过程，而当合金质量增大为50g时，完全氧化时间为7.5~10.5h[46]，可能原因是氧化物裹附在表面，影响了内层硬质合金的氧化。研究表明，在转体炉中回收可提高氧化速率[47]。

2）废硬质合金的成分和颗粒大小。F.Lofaj等人[44]在600~800℃下氧化WC-Co废硬质合金，结果见表1-1。氧化速率随着钴含量的增加而加快，随着WC平均颗粒大小增加而降低，所得氧化物的颜色随着废硬质合金中钴含量变化而由浅蓝变到褐绿[45]。结果显示，氧化前破碎有利于加快氧化速率。

3）氧化温度。氧化速率随着温度升高而加快，完全氧化时间缩短，表1-1证实了这一结论。氧化温度一般不超过1000℃[46]，因为氧化反应是放热反应，氧化过程中放出大量的热引起温度升高，影响回收粉末颗粒的大小。

表1-1　WC-Co硬质合金氧化速率随温度、钴含量及WC平均颗粒大小变化

温度/K	氧化速率/$10^{-8}ms^{-1}$		
	6%Co/3μm WC	6%Co/5μm WC	10%Co/5μm WC
973	7.7	7.5	7.6
1023	11.5	11. 1	11.9
1073	14.4	12.6	19.6

注：表中百分数为质量分数。

4）氧气流量。氧化过程中通入适量氧气能提高氧化速率。氧化速率主要取决于氧化层和基体之间界面的氧含量，因此氧化过程受氧气情况影响。石安红等人[47]以WC-8%Co硬质合金为原料进行研究，结果显示，富氧环境下氧化速度加快，当通入氧气作为氧源时的氧化速率是空气中反应速率的5倍[48]。但是，氧气流速不能太快，否则来不及与钨废料充分发生反应就离开了界面。

2. 还原过程中的影响因素

1）还原温度。温度是还原过程最重要的影响因素之一，决定了还原产物成分，还会影响回收钨粉的粒度和形貌等性能。参考文献［49，50］研究了不同温度下还原过程中的主要反应，如图1-4所示。还原过程中间产物有$WO_{2.90}$、$WO_{2.72}$和WO_2，不同还原温度下的中间产物也不同。刘原等人[51]也研究了氢气还原氧化物过程中的相变过程，结果表明，在600℃下，氧化物相变为$WO_3 \rightarrow WO_{2.90} \rightarrow WO_{2.72} \rightarrow WO_2$。还原过程还受物料厚度和原料粒度大小等影响，这些不同的W-O相的粒度、形貌和密度等性能都不相同。虽然最终还原产品为W粉，但其回收粉末的粒度、形貌等相差很大。石安红[52]把相同质量的黄钨（WO_3）分别在800℃和900℃下还原1.5h，得到的钨粉粒径分别为 0.78μm 和 1.82μm，即温度升高后再生钨粉粒径明显增大。因此，还原过程应根据回收粉末要求控制好温度。

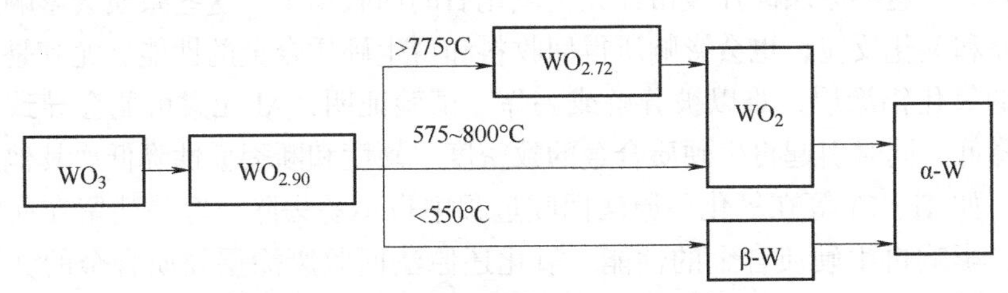

图 1-4　不同温度下还原过程中的主要反应

2）还原料厚度、颗粒大小[49]。料层不能过厚，否则还原气体与里层的氧化物难以充分反应，影响还原进程。还原过程主要是还原气体与氧化物反应，颗粒越小，还原气体与氧化物越容易直接接触，反应速度越快。

3. 碳化过程中的影响因素

在碳化过程中，钨和钴的单质或化合物与炭黑或其他碳源发生反应，转化成 WC-Co 复合粉。碳化过程主要受配碳量和碳化温度的影响。

1）配碳量。配碳量直接决定了还原后产物能否被完全碳化。王瑶等人[4]在回收利用 WC-16%Co 硬质合金过程中研究了配碳量对再生硬质合金的影响，结果显示，配碳量为 16.60%（质量分数）制备的合金的各种性能明显优于配碳量为 16.75%（质量分数）的再生硬质合金。Woo Gwang Jung[53]研究了氧化物配碳量分别为理论值的 200%、250% 和 300% 后的粉末在 1000℃下的碳热还原，实验发现，配碳量为 300% 时，最后得到的物相完全为 WC 和 Co，而其他配碳量物料碳热还原后，产品中含有 Co_3W_3C 等杂质相。结果显示，合适的配碳量非常重要。配碳量不足会导致缺碳相（Co_3W_3C 或 Co_6W_6C 等）出现，物料无法被完全碳化；配碳量过多会导致游离碳过高，影响再生硬质合金的性能。

2）碳化温度。碳化温度不宜过高，否则会导致颗粒长大明显[53]，过低的温度会影响碳化钨的合成，最好与合金的烧结温度相近。

1.3.3.3　氧化还原法回收硬质合金存在的问题

氧化还原法回收硬质合金在实际应用中存在以下问题：

1. 再生产品中杂质较多

这是钨资源回收常见的问题，氧化还原法回收产品也不例外。氧化还原法回收硬质合金过程中不会主动带入杂质，但所用设备、原料中不可避免地有杂质带入。

2. 涂层影响氧化还原法回收

涂层硬质合金的结构、成分复杂，并不是理想的回收对象。在氧化过程中，致密的涂层延缓了氧气往合金内部的扩散，影响氧化速度。W.Gu 等人[54]将废涂层 WC-Co 硬质合金在 900℃下氧化，结果发现 CrAlN 涂层在氧化过程中被剥离，这些涂层碎片残留在完全氧化后的回收物中。这些杂质会影响随后的还原和碳化反应，也会影响所得回收料和再生硬质合金的性能。尤其是性质稳定的氧化铝涂层，难以被分解或去除。试验证明，Al 元素可能会导致钨粉粒度降低，同时引起再生硬质合金的致密度、硬度和断裂韧性降低。其他涂层元素，如 Ti、Cr 等在氧化还原法回收过程中也不易去除，容易残留在回收产品中，影响再生硬质合金的性能。氧化还原法回收废涂层硬质合金的文献较少，涂层在回收过程中的演变、作用机理及对再生产品影响还需深入研究。目前，利用氧化还原法制备的再生硬质合金性能无法与原生粉末制备的合金媲美，提高再生产品性能是今后的重点研究方向。

1.4 回收料再生利用技术

钨废料的种类、规格多种多样，回收料难以保持良好均匀的粒度分布，还普遍存在回收料中杂质多的问题。为了改善回收料及再生产品性能，添加稀土是较常见的方法。将回收料掺入原生料中混合利用也是提高再生料利用率的方法。

1.4.1 稀土添加在硬质合金中的应用

在钨冶炼过程中，原料钨矿中自含的部分杂质元素目前还无法完全去除，对硬质合金产品造成极大影响，降低了硬质合金性能，制约了硬质合金的工业化发展[55]。研究结果表明，适量添加稀土元素可以有效控制中间产品的杂质元素含量，改善显微组织结构，提高最终产品性能，因此稀土硬质合金有极好的发展前景[56-61]。

稀土元素添加到硬质合金中后，与硬质合金中各成分发生相互作用，也与合金中晶界、缺陷等相互影响。稀土元素易于偏聚在晶界处，有利于 WC 晶粒均匀化。稀土元素与硬质合金中的杂质组成化合物存在于 WC/Co 相界面或 Co 黏结相中[62，63]，对晶界起净化作用，这是硬质合金性能提高的主要原因之一[64]。固溶到 Co 相中的少量稀土元素能增加 Co 相比例，可以提高 Co 相的塑性应变能力[65]。稀土元素抑制 α-Co 向 ε-Co 的转变，引起硬质合金的协调应变和松弛应力的提高，从而提高了硬质合金的韧性和强度[58，66]。

稀土添入后对硬质合金性能的影响，与稀土元素的种类、添加量等有很大关系[67]。李规华等人[68]研究发现，在湿磨中添加稀土元素后，硬质合金的硬度提高了。适量的稀土元素添加可以提高硬质合金的抗弯强度[69, 70]。何文等人[55]研究发现，添加稀土 Y 后，YG6㊀硬质合金的抗弯强度比未添加稀土的合金提高了。汪仕元等人[71]往 WC-Ni 类硬质合金中添加稀土元素后，硬质合金的抗弯强度也有明显提高。李规华等人[68]研究表明，添加适量稀土元素后，YG6 硬质合金的抗弯强度提高 10% 以上。冯亮等人[64]添加 0.4%（质量分数）Y_2O_3 后得到的再生硬质合金的平均抗弯强度有所提高。添加稀土可提高硬质合金的耐用性。袁逸等人[66]在 YT14㊀硬质合金中添加微量稀土 Y 后硬质合金的耐磨性显著提高。李规华等人[68]发现，稀土硬质合金刀具加工时的切削力降低约 6%，耐磨性也提高了。贺从训等人[72]发现，添加稀土后的硬质合金 YG8㊀和 YT14 的摩擦系数降低，耐磨性提高。经分析，在硬质合金中添加稀土元素后，其性能得到改善，具有很大发展潜力，但目前稀土元素与硬质合金的作用机理没有统一定论，甚至相互矛盾。稀土元素的添加量和添加方式也没有统一标准，稀土元素在硬质合金中的存在方式和分布状态还缺乏深入研究。精确控制稀土硬质合金相关工艺和标准是亟待解决的问题。

1.4.2　回收料的再生利用

回收的 WC 粉末中普遍杂质较多，影响再生硬质合金的性能，改善回收料质量、提高再生硬质合金的性能并提高回收料的利用率是硬质合金回收发展的方向。魏仕勇等人[73]采用锌熔法再生 WC 粉末和钴粉制备成再生硬质合金，相对于原生 WC 粉末制备的合金，钴磁和抗弯强度性能下降明显。赵万军等人[74, 75]以锌熔法回收的 WC 粉末和钴为原料制备了 YG 类再生硬质合金，通过碳量控制和工艺控制生产出性能较好的合金。结果表明，再生产品的性能可通过控制制备工艺得到改善。

与原生 WC 粉末混合制备合金是回收料应用的一种有效方法。方兴建[76]通过将特殊破碎法得到的回收 WC 掺入原生 WC 粉末中制备再生硬质合金。史顺亮等人[77]将电解法回收的 WC 粉末与原生 WC 粉末按照不同比例混合，制备成 YG10㊀再生硬质合金，显微组织和力学性能较好。程秀兰等人[78]利用原生 WC 粉末和再生 WC 粉末混合料制备成的再生硬质合金可用于矿用凿岩。通过与 WC 粉末混合制备再生硬质合金可以提高回收料利用率，但具体混合比例和物质间的作用机理鲜有报道，需要进一步确定和深入研究。由于涂层的影响，废涂层硬质合金回收料的成分更复杂，与原生粉末混合后的使用有待进一步研究。

㊀ YG6、YG8、YG10、YT14 为曾用牌号，对应的现行牌号为 K20、K30、K35、P20。

1.5 涂层硬质合金回收分析

钨资源储备有限，废硬质合金回收已成为钨资源的重要补充。近年来，对钨资源的需求日益增大，为了充分利用钨资源和降低生产成本，大量废涂层硬质合金回收得到广泛关注。

针对在涂层硬质合金制备过程中涂层有瑕疵的残次品及基体保持完好的无法再用于加工的废涂层硬质合金，只需经过退除表面涂层→再重新制备新涂层即可再使用。该方法保持了原基体成分，提高了钨资源利用率，流程简单，省去了再生 WC 的制备过程，是一种经济有效的废涂层硬质合金利用方法。涂层的去除是关键，这里自主开发了一种剥离液，通过化学法能剥离包含氧化铝在内的硬质合金表面涂层。

对于基体不完整或形状复杂的废涂层硬质合金，回收制备成 WC 粉末后再生利用是一种有效的途径。在回收过程中，涂层与基体及其他物质相互作用，不仅影响回收工艺，也影响再生产品性能。对此可以采用化学法、电解法、锌熔法和氧化还原法回收废涂层硬质合金，通过物理清洗除杂、添加稀土及混合再生合金等提高再生硬质合金产品性能。

1）可自主开发一种以过氧化氢（俗称双氧水）加焦磷酸钾为主要成分的剥离液，采用化学法去除废硬质合金表面 TiAlN 单涂层和 TiCN/Al_2O_3/TiN 多涂层。可研究去除涂层过程中 pH 值和处理温度的精确控制，分析涂层剥离进程及机理，为涂层退除后沉积新涂层再利用提供一种简单经济的方法。

2）可采用电解法回收废涂层硬质合金。电解法本身具有净化作用，回收的再生碳化钨纯度较高，有望解决涂层杂质问题。可研究电解法回收废涂层硬质合金的工艺参数控制，讨论回收过程中的作用机理，分析涂层对回收碳化钨粉末的影响。

3）可采用锌熔法回收废涂层硬质合金。锌熔法被广泛应用于无涂层类硬质合金回收，但锌熔法回收废涂层硬质合金研究较少。涂层必然影响回收工艺及再生产品。研究 TiAlN 单涂层和 TiCN/Al_2O_3/TiN 多涂层对锌熔法回收工艺的影响、回收过程中物质间的相互作用和涂层在锌熔法回收料中的分布。针对回收料的再生利用，研究超声清洗对回收 WC 粉末中杂质去除的影响。为提高回收料的利用率，可以锌熔法回收料为原料制备稀土再生硬质合金，分析稀土对再生硬质合金性能的影响。将锌熔法回收料与原生 WC 粉末混合制备成再生硬质合金，探讨回收料的掺入比例对合金性能的影响。

4）可采用氧化还原法回收废涂层硬质合金。氧化铝涂层和氮铝钛涂层因具有良好的抗高温氧化性而得到广泛应用。氧化铝性能稳定，在回收过程中难以被分解或被转化，影响再生产品性能。在氧化还原法回收废涂层硬质合金过程中，碳化温度较高，而且有化学性质较活泼的炭黑用作还原剂，氧化铝可能被转变为其他物质或被磨碎均匀分布而减弱其副作用，或者涂层可能作为再生硬质合金中的增强相以减弱副作用。探讨氧化还原法回收废涂层硬质合金过程中氧化温度、还原温度和配碳量等工艺参数控制，分析 TiAlN 单涂层和 TiCN/Al_2O_3/TiN 多涂层的氧化行为及作用机理，跟踪涂层元素 Al 在各工序中的含量。将回收料与原生 WC 粉末按比例混合后制备成再生硬质合金，讨论配料比对再生合金性能的影响。

第2章 涂层硬质合金回收工艺简介

2.1 原料介绍

涂层硬质合金回收所用原料主要有废涂层硬质合金刀片、钴、锌等，见表 2-1。

表 2-1　涂层硬质合金回收所用原料

原料	生产单位或品牌
TiAlN 单涂层硬质合金刀片	株洲某公司
TiCN/Al_2O_3/TiN 多涂层硬质合金刀片 A	瑞典某公司
TiCN/Al_2O_3/TiN 多涂层硬质合金刀片 B	日本某公司
锌	株洲冶炼集团
钴粉	寒锐钴业股份有限公司
炭黑	泸州炭黑厂
氧化钇	上海思域化工有限公司
钨粉	某硬质合金公司

1. TiAlN 单涂层硬质合金

TiAlN 单涂层硬质合金因具有良好的抗氧化性能而被广泛应用。这里所用的是无法再用于数控加工的废 TiAlN 单涂层 WC-Co 硬质合金刀片，如图 2-1 所示，表面覆盖通过物理气相沉积（PVD）制备的紫灰色 TiAlN 单涂层。该刀片表面比较光滑，边角等不规则处较少。

2. TiCN/Al_2O_3/TiN 多涂层硬质合金

多涂层兼顾多种涂层的优点，在硬质合金领域被大量应用，其中最典

型的是 $TiCN/Al_2O_3/TiN$ 涂层。这里采用瑞典某公司生产 $TiCN/Al_2O_3/TiN$ 多涂层 WC-Co 硬质合金刀片 A 和日本某公司生产的 $TiCN/Al_2O_3/TiN$ 多涂层 WC-Co 硬质合金刀片 B 为原材料，分别如图 2-2 和图 2-3 所示。刀片尺寸均为 12mm × 12mm × 5mm，刀片 A、刀片 B 带孔面分别为正方形和菱形，四个侧面均为化学气相沉积法（CVD）制备的 $TiCN/Al_2O_3/TiN$ 涂层，最外层均为黄色涂层。刀片 A 的黑色带孔大面为 $TiCN/Al_2O_3$ 涂层，化学成分见表 2-2

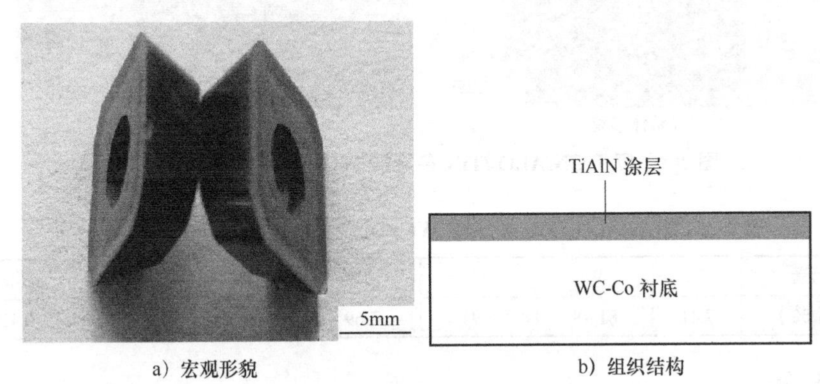

a）宏观形貌　　b）组织结构

图 2-1　TiAlN 单涂层 WC-Co 硬质合金刀片

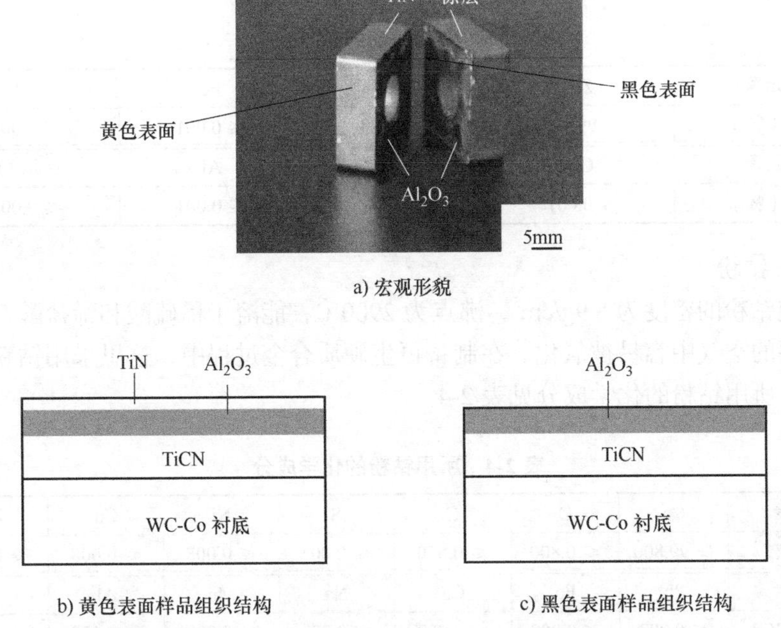

a) 宏观形貌

b) 黄色表面样品组织结构　　c) 黑色表面样品组织结构

图 2-2　废 $TiCN/Al_2O_3/TiN$ 多涂层 WC-Co 硬质合金刀片 A

a) 整体形貌

5mm

b) 侧面形貌

图 2-3　废 $TiCN/Al_2O_3/TiN$ 多涂层 WC-Co 硬质合金刀片 B

表 2-2　$TiCN/Al_2O_3/TiN$ 多涂层 WC-Co 硬质合金刀片 A 的化学成分

元素	Co	W	C	Ta	Ti	Nb	其他
w（%）	7.41	81.48	5.91	2.69	1.96	0.43	0.12

3. 锌

锌的密度为 7.14g/cm³，其熔点较低，为 419.53℃。锌是锌熔法回收废硬质合金的主要原料，在锌熔法回收硬质合金过程中循环利用。锌在温度高于 225℃后会剧烈氧化。这里所用锌锭的化学成分见表 2-3。

表 2-3　所用锌锭的化学成分

元素	Zn	Pb	Fe	Cd
w（%）	≥ 99.995	≤ 0.003	≤ 0.001	≤ 0.002
元素	Cu	Sn	Al	杂质总和
w（%）	≤ 0.001	≤ 0.001	≤ 0.001	≤ 0.005

4. 钴粉

纯钴粉的密度为 8.9g/cm³，沸点为 2900℃，能溶于稀硫酸和稀盐酸。钴粉在潮湿的空气中容易被氧化。在制备再生硬质合金过程中，这里采用钴粉作黏结相，所用钴粉的化学成分见表 2-4。

表 2-4　所用钴粉的化学成分

元素	Co	O	C	S	Ni	Cu	Zn
w（20%）	≥ 99.800	≤ 0.800	≤ 0.050	≤ 0.005	≤ 0.008	≤ 0.008	≤ 0.008
元素	Pb	Fe	Ca	Na	Mn	Al	—
w（20%）	≤ 0.008	≤ 0.008	≤ 0.008	≤ 0.008	≤ 0.008	≤ 0.008	—

5. 炭黑

炭黑是一种无定形碳，相对于其他常用碳，炭黑的表面积较大，是生产碳化钨、碳化铬和碳化钒等物质的重要原料。这里用炭黑作为制备碳化钨的碳源。在碳化过程中，炭黑参与扩散气相迁移过程。炭黑中不能含有硫，否则会增大夹粗而导致硬质合金性能降低[2]。这里所用的炭黑纯度为99.5%，其中杂质的化学成分见表2-5。

表2-5　所用炭黑中杂质的化学成分

元素	挥发物	灰分	水分	Na	Fe	Ca	Si	Cl	Mg
w（%）	0.026	<0.05	0.017	0.007	0.016	0.005	0.06	0.006	0.013

6. 氧化钇

三氧化二钇属立方晶系，密度为5.01g/cm³，熔点为2410℃。氧化钇不溶于碱但溶于酸，因具有高温稳定性等优点而作为弥散增强剂，被广泛应用于合金制备。在烧结硬质合金前，这里通过添加氧化钇来改善再生硬质合金的性能。所用的氧化钇纯度为99.999%。

7. 钨粉

纯钨粉的熔点达3653K，理论密度为19.3g/cm³，因具备高熔点、高密度和高硬度特点而在军工、数控等领域广泛应用。这里采用W006钨粉和W025钨粉制备原生WC粉末，与回收料按比例混合后制备成再生硬质合金。所用W025钨粉中W含量不低于99.9%（质量分数），O含量低于0.008%（质量分数），其他典型值含量见表2-6。根据ASTM B330-05标准，平均F.S.S.S粒度为2.30~2.70μm。

表2-6　所用钨粉W025中的杂质元素含量

元素	Al	As	Bi	C	Ca	Cd
w（%）	≤ 0.0010	≤ 0.0010	≤ 0.0003	≤ 0.0030	≤ 0.0015	≤ 0.0005
元素	Co	Cr	Cu	Fe	K	Mg
w（%）	≤ 0.0010	≤ 0.0020	≤ 0.0003	≤ 0.0050	≤ 0.0015	≤ 0.0010
元素	Mn	Mo	Na	Ni	P	Pb
w（%）	≤ 0.0010	≤ 0.0030	≤ 0.0015	≤ 0.0020	≤ 0.0010	≤ 0.0003
元素	S	Sb	Si	Sn	Ti	V
w（%）	≤ 0.0010	≤ 0.0005	≤ 0.0015	≤ 0.0003	≤ 0.0010	≤ 0.0010

2.2 实验室回收涂层硬质合金用设备

实验室回收涂层硬质合金用设备（见表 2-7）主要有：

（1）箱式电阻炉　锌熔法回收废涂层硬质合金的熔散过程和氧化还原法回收的氧化过程都是在箱式电阻炉中完成的。这里所用设备的加热元件为电阻丝。

（2）超声清洗仪　这里以工厂废弃的硬质合金刀片为原料，采用超声清洗去除刀片表面污渍，以免回收料中带入杂质。部分回收料也需超声清洗。

（3）干燥箱　清洗后的刀片必须完全干燥后才能用锌熔法或氧化还原法回收，锌熔法和电解法回收料也需经干燥后使用。这里所用干燥温度一般为 100℃。

（4）行星球磨机　行星球磨机主要用于磨细或混合几种不同物质，其工作原理是大转盘公转时带动球磨罐自转，使罐内磨料与磨球相互碰撞，从而完成罐内物料的磨细和均匀混合。氧化还原法回收废硬质合金过程中，制备碳化钨粉末前需要将钨粉和炭黑按照一定比例混合并球磨，制备混合硬质合金前也需将混合 WC 粉末球磨以使物质充分混合。

（5）还原炉　在氧化还原法回收废涂层硬质合金过程中，还原过程在还原炉中完成。锌熔法回收料也需要在还原炉中通过还原过程去除氧。还原过程中需要通入氢气，应注意检查炉子与通入气体管子接口处的密封性，确保安全。

（6）高温管式炉　还原后的物料需在碳化炉中经过碳化过程制备再生碳化钨。这里所用的是三温区高温管式炉，三个温区可以独立控温，最高温度可达 1700℃。使用时要注意控制升温速度，1400℃以下升温速度低于 10℃ /min，高于 1400℃后升温速度最好低于 5℃ /min。

（7）电热恒温水浴锅　为了加快反应速度，化学法去除废硬质合金表面涂层需在电热恒温水浴锅中进行。

（8）pH 计　溶液的 pH 值对化学法去除废硬质合金表面涂层和电解法回收废涂层硬质合金过程都有很大的影响。这里所用的 pH 计测试范围为 0.01~14.00。

表 2-7　实验室回收涂层硬度合金用设备

设备	生产单位或品牌	型号
箱式电阻炉	上海意丰电炉有限公司	SX2-4-10
超声清洗仪	舒美牌	KQ2200B
干燥箱	上海森信实验仪器有限公司	DZG-6050

（续）

设备	生产单位或品牌	型号
行星球磨机	南京南大天尊电子有限公司	ND7 系列
还原炉	上海意丰电炉有限公司	YFK62 × 600/100-GC
高温管式炉	安徽贝意克设备技术有限公司	BTF-1700C-III
电热恒温水浴锅	北京市永光明医疗仪器有限公司	双列四孔 DZKW-S-4
pH 计	爱德克斯（EDKORS）	PH-103 型

2.3 实验室常用涂层硬质合金回收技术路线

废涂层硬质合金刀片清洗、干燥后，按照基体是否完好进行分类。对于基体保存较好的合金，可采用过氧化氢加焦磷酸钾为主要成分的剥离液通过化学法去除表面涂层。对于基体有损伤的涂层硬质合金，可采用电解法回收获得再生 WC 粉末；采用锌熔法回收时，通过高温熔散、盐酸液溶解和分离清洗过程得到再生 WC 粉末；也可采用氧化还原法得到含钴 WC 粉末。为了提高再生产品性能，可在回收料中添加稀土或与原生 WC 粉末混合制备成再生硬质合金，测试再生硬质合金的性能并优化工艺参数。试验技术路线如图 2-4 所示。

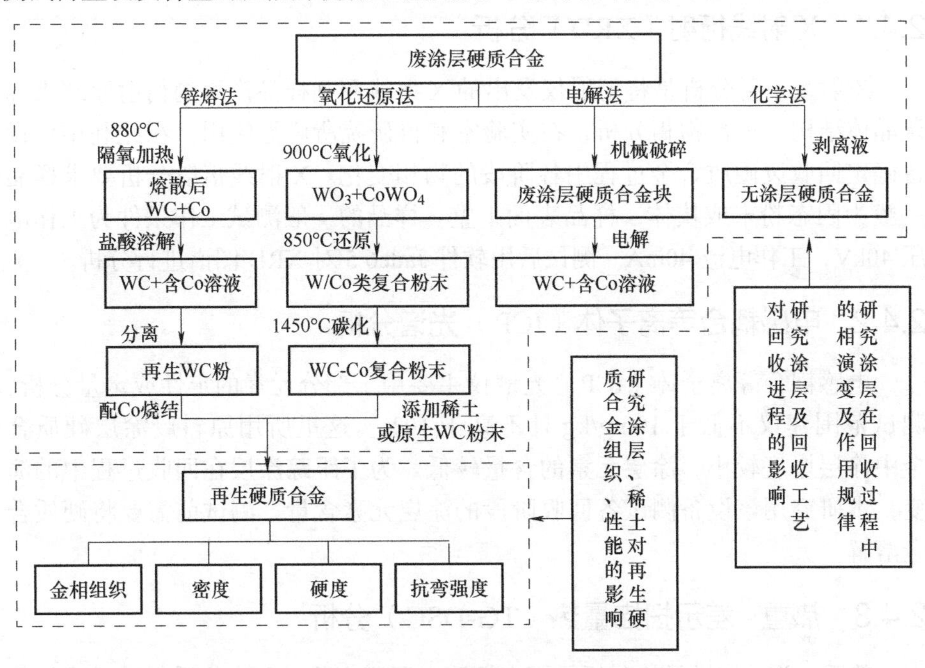

图 2-4　试验技术路线

2.4 硬质合金回收常用测试分析方法

主要测试分析设备见表 2-8。

表 2-8 主要测试分析设备

设备	生产单位或品牌	型号
X 射线衍射仪	荷兰 PANalytical	EMPYREAN
电感耦合等离子体光谱仪	美国 PE 公司	Optima 8000
热重 - 差示扫描	德国 NETZSCH	STA449 F5
扫描电镜	日本电子	JSM 6701
扫描电镜	荷兰 FEI 公司	Nova Nano SEM+450
能谱（EDS）测试设备	牛津仪器有限公司	X-max 80
氧含量测试设备	美国 LECO 公司	CS-600
洛氏硬度计	上海沪工高峰工具有限公司	HR-150DT 型

2.4.1 X 射线衍射（XRD）分析

X 射线衍射分析是将衍射仪发出的 X 射线照到样品产生的衍射原理来确认晶体结构、进行物相分析，在实验室和科研院所广泛应用。在此利用该设备确定回收废硬质合金过程中各阶段的物相变化。X 射线衍射分析要求样品一般为固态粉末或块体，样品表面平整。样品的一般测试工作条件为工作电压 40kV，工作电流 40mA。测试后用软件 Jade6.5 对 XRD 图谱进行分析。

2.4.2 电感耦合等离子体（ICP）光谱分析

电感耦合等离子体（ICP）光谱仪主要用于部分元素的定性或定量分析，测试范围建议不低于 10mg/kg 且不高于 10%。这里所用原料废涂层硬质合金中涂层厚度较小，涂层元素的含量较低。为了跟踪涂层在回收过程中的演变，本研究用该设备测试各回收阶段的涂层元素含量。测试前需要将硬质合金溶解。

2.4.3 热重 - 差示扫描量热（TG-DSC）分析

热重 - 差示扫描量热分析是用来探测在温度变化过程中物质的质量或热量

的变化，可以分析物质在这过程中放出的气体和发生的反应等。在此利用该设备分析废涂层硬质合金刀片在氧化过程中的变化，以确定氧化工艺参数。氧化工序的热分析过程需通入空气，温度设置为室温至 1200℃或室温至 1500℃，升温速度为 10℃ /min。

2.4.4 扫描电镜（SEM）和能谱（EDS）分析

扫描电镜主要用来分析物质的微观形貌。在此利用 SEM 分析涂层在回收过程中的形貌变化、回收粉末形貌、再生硬质合金微观组织及断口形貌等。根据样品特点，测试时一般用背散射模式，少量用二次电子模式。研究锌熔法回收过程时，需要用扫描电镜测试线切割处理过的样品截面，测试前需磨掉样品表面切削液及氧化层。利用扫描电镜分析再生硬质合金表面微观组织和形貌前，样品需抛光以去除表面污渍和氧化物。能谱（EDS）测试用于分析物质的元素分布。

2.4.5 氧含量分析

氧化还原法回收废涂层硬质合金时，还原后得到的再生钨粉中可能含有少量氧化物，若不及时去除，这些氧化物在碳化过程中必然耗费碳。若配碳量不足，将会产生缺碳相而导致再生硬质合金性能下降。在此利用该设备测试还原后粉末中的氧含量以调整配碳量。

2.4.6 WC-Co 硬质合金密度测试

密度和致密度是再生硬质合金重要性能，能反映出合金内孔隙情况。实验室常用阿基米德排水法测试再生硬质合金的密度，测试前样品应抛光，以去除表面氧化物和污渍。在此利用电子天平（Lucky）测量样品质量。测试再生硬质合金密度的具体步骤如下：

1）测试抛光后的再生硬质合金在空气中质量 m_1（g）。

2）往烧杯装入适量蒸馏水，天平清零。

3）往水中放入样品，确保物品放入后蒸馏水不会溢出来，样品不能与烧杯接触。测试水温，确保烧杯中蒸馏水的温度与周边环境一致，此时天平显示的质量为 m_2（g）。

4）根据式（2-1）计算样品的密度 ρ（g/cm^3）。

$$\rho = m_1\rho_w/m_2 \tag{2-1}$$

式中 m_1——样品在空气中的称重；

m_2——样品放入水中后重量（去除烧杯和蒸馏水重量）；

ρ_w——水的密度。水的密度随着温度而变化，计算过程中需选择与水温对应的水密度。

5）根据式（2-2）计算样品的致密度。

$$I=\frac{\rho}{\rho_0}\times 100\% \tag{2-2}$$

式中　ρ_0——再生硬质合金的理论密度。

2.4.7　WC-Co 硬质合金洛氏硬度测试

试验中用洛氏硬度计测试再生硬质合金的硬度，测试时选择锥角为 120°的金刚石压头，总试验力为 588.4N，根据卸荷后样品的凹痕深度确定洛氏硬度。

2.4.8　WC-Co 硬质合金抗弯强度测试

硬质合金抗弯强度是合金抵抗弯曲不断裂的能力。此处制备的再生硬质合金为 20mm × 6.25mm × 5.25mm 长条棒状，采用三点抗弯法测试再生硬质合金的抗弯强度，所用设备为 CMT-5105 型万能试验机。

第3章 化学法去除废硬质合金表面涂层工艺及机理

3.1 化学法回收废涂层硬质合金简介

应根据废涂层硬质合金基体是否完整进行分类后回收。对于在涂层硬质合金制备过程中出现一些基体保持完好仅涂层有瑕疵的残次品，可将其表面涂层去除后沉积新的涂层，再重新用于要求不高的数控加工，这样不仅保持了原来基体成分，还充分回收利用了钨资源，而且流程简单，仅需经过去除涂层然后制备新的涂层就可以重新利用，无须经过回收 WC 粉末及再生硬质合金制备工序，降低了生产成本，是一种简单经济的涂层硬质合金再生利用办法。对于废弃的涂层硬质合金中基体保持良好的，也可以采用这方法回收利用。如何快速去除废硬质合金表面涂层是关键[79]。吴子军等人[80, 81]在真空烧结炉中通过真空处理法去除硬质合金表面 TiC、TiN 涂层，该方法要求回收设备真空度高，否则废硬质合金基体成分容易被氧化。S Marimuthu 等人[82]用激光技术去除 TiN 涂层，该处理方法投入高。刘阳等人[83, 84]已成功采用熔融氢氧化钠在 700℃去除废硬质合金表面复合涂层，或者经过高温和喷丸预处理后通过溶解法去除硬质合金表面涂层。高温处理有利于加快涂层去除速度，但可能导致基体缺陷增多，对硬质合金重新利用产生影响。有关涂层剥离修复的相关报道较少，尤其是氧化铝涂层剥离难度较大。

找到一种经济简便、能在较低温度下快速去除涂层的方法是亟待解决的问题。这里以未经高温预处理的废涂层 WC-Co 硬质合金刀片为原料，自主研发了一种以过氧化氢加焦磷酸钾为主要成分的剥离液，研究了采用剥离液通过化学法去除 TiAlN 单涂层和 TiCN/Al_2O_3/TiN 多涂层的工艺参数，分析了涂层去除进程及作用机理。

3.2 化学法回收废涂层硬质合金试验

以废 TiAlN 单涂层和 $TiCN/Al_2O_3/TiN$ 多涂层硬质合金刀片 A 为原料，通过超声清洗在丙酮中去除刀片表面油渍，再依次用去离子水和乙醇分别进行超声清洗 15min，之后放入干燥箱中干燥。配置过氧化氢加焦磷酸钾为主要成分的剥离液，通过加入质量分数为 10% 的氢氧化钠溶液调节剥离液的 pH 值。将配置好的剥离液倒入已放置废涂层硬质合金刀片的烧杯中。待恒温电热水浴锅升至设定温度后，将装有剥离液和刀片的烧杯放入水浴锅中。处理废 TiAlN 单涂层硬质合金刀片和 $TiCN/Al_2O_3/TiN$ 多涂层硬质合金刀片 A 的具体条件分别见表 3-1 中的条件 1~3 和条件 4~6。反应一段时间后，剥离液中的有效成分被部分消耗，需要将烧杯中的反应液倒出再添入新的剥离液，以提高涂层剥离速率。通过刀片表面颜色的变化来判定涂层的去除情况。刀片的表面形貌通过扫描电镜测试，去除过程中元素分布采用能谱仪测试，涂层厚度通过 Nano Measurer 1.2 软件分析 SEM 形貌得到，溶液的 pH 值用 pH 计测试，样品的物相通过 X 射线衍射仪测试确定。

表 3-1　采用剥离液通过化学法去除废硬质合金表面涂层的具体条件

条件	温度 /℃	剥离液 pH	刀片表面涂层
条件 1	55	7	TiAlN 单涂层
条件 2	55	8	
条件 3	54	8	
条件 4	40	8	$TiCN/Al_2O_3/TiN$ 多涂层
条件 5	40	9	
条件 6	38	9	

3.3 TiAlN 单涂层去除工艺规律及作用机理

3.3.1 剥离液配置

图 3-1 所示为在不同条件下处理不同时间后 TiAlN 单涂层 WC-Co 硬质合金刀片的宏观形貌。采用 pH=7 的剥离液在 55℃处理后的刀片宏观形貌如

图 3-1a 所示。由图 3-1a 可以看出，该条件下分别处理 5min、15min 和 20min 后的刀片表面的颜色变化不大，意味着在该条件下 TiAlN 涂层去除较慢。将剥离液的 pH 增大为 8，水浴坩埚的温度仍设置为 55℃，采用剥离液处理不同时间后的刀片宏观形貌如图 3-1c 所示。由图 3-1c 可以看出，当刀片在剥离液中浸泡 5min 后，表面颜色变化不大，可以看到表面存在尺寸较小的凹坑；处理时间增长到 15min 后，刀片的中心孔周边表面变为灰白色，与紫灰色的 TiAlN 对比鲜明，结果显示部分涂层被剥离露出灰白色基体；继续浸泡到 20min，孔洞周边灰白色区域范围扩大了，表明更多的 TiAlN 涂层被去除。结果显示，在相同温度下，TiAlN 单涂层去除速度随着剥离液的 pH 值增大而加快。但是，当 pH 增大为 9 时，剥离液倒入放有 TiAlN 单涂层硬质合金刀片烧杯后会马上沸腾喷出，有效成分过氧化氢瞬间挥发。结果显示，剥离液的 pH=8 时，TiAlN 单涂层的去除效果较好。

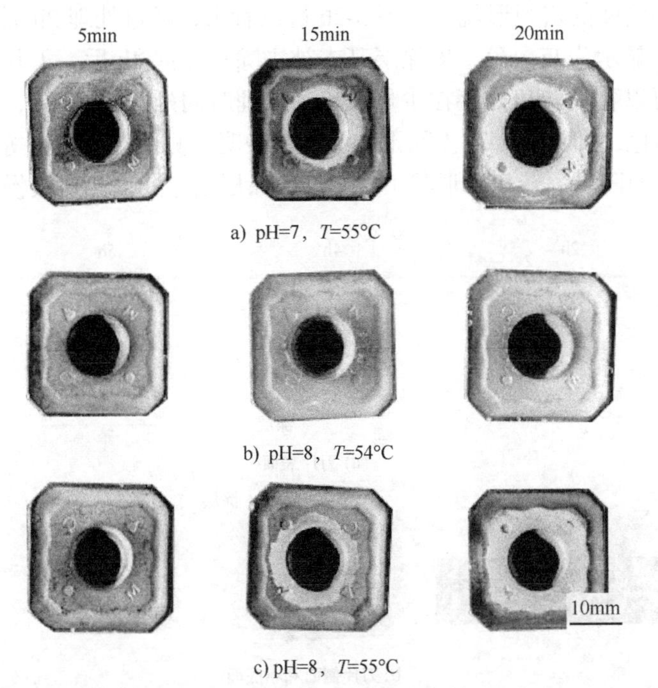

图 3-1　在不同条件下处理不同时间后 TiAlN 单涂层 WC-Co 刀片的宏观形貌

3.3.2　工艺参数影响规律

用 pH=8 的剥离液分别在 54℃和 55℃下处理 TiAlN 单涂层硬质合金刀片，浸泡不同时间后的刀片宏观形貌分别如图 3-1b 和图 3-1c 所示。结果显示，在浸泡 5min 后，刀片的颜色都没有明显变化；浸泡 15min 后，刀片中间圆孔附近出现灰白色基体区域，表明部分 TiAlN 涂层被去除，随着时间延长，该区域范围扩大。对比发现，处理相同时间后，图 3-1c 中刀片的灰白色区域面积大于图 3-1b，即 55℃下涂层去除速度更快。试验结果显示，涂层去除速度随着温度升高而加快。温度继续升高到 65℃，采用 pH=8 的剥离液处理刀片，结果发现，剥离液倒入烧杯与刀片接触瞬间有大量气泡喷出，可能是反应加剧放出大量热量，导致剥离液中有效成分过氧化氢迅速挥发。经分析，在此选择合适处理温度为 55℃。

图 3-2 所示为采用 pH=8 的剥离液在 55℃处理不同时间后 TiAlN 单涂层硬质合金刀片的宏观形貌。如图 3-2a 所示，浸泡 2h 后，刀片表面颜色明显变浅，大部分涂层被去除并露出灰色基体；随着浸泡时间延长，刀片表面斑驳点变少，裸露的灰白色区域面积增大；当浸泡时间增长到 5h 后，刀片表面都显示为灰色，即涂层基本被去除，仅圆孔里面还残留着少量涂层。图 3-2b 所示为刀片侧面和小底面的宏观形貌。由图 3-2b 可以看出，经过处理 2h 后，刀片侧面非常光滑，显示为灰白色，即涂层基本被去除；浸泡 4h 后，刀片小底面处为灰色，仅可以看到转角处存在少量斑点；处理时间延长到 5h 后，刀片小底面显示为灰白色，即涂层都被去除干净。结果表明，侧面和小底面等平整处涂层去除较快，而凹坑、转角等形状不规则处的涂层去除速度相对较慢。

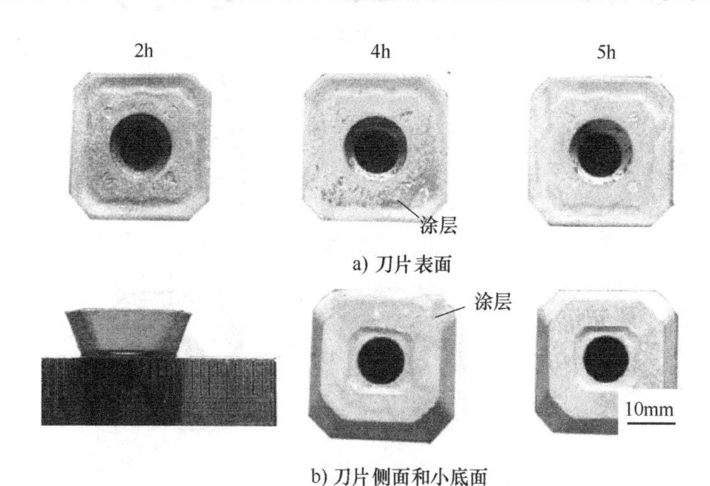

图 3-2 采用 pH=8 的剥离液在 55℃处理不同时间后 TiAlN 单涂层硬质合金刀片的宏观形貌

处理时间增加至 6h 后 TiAlN 单涂层硬质合金刀片的宏观形貌如图 3-3 所示。由图 3-3 可以看出，刀片表面较光滑，涂层已被去除干净。除了边角处有小块缺口，刀片的其他地方，包括切削刃都较完好。试验结果表明，采用 pH=8 的剥离液在 55℃下可以在 6h 内将 TiAlN 涂层去除干净。

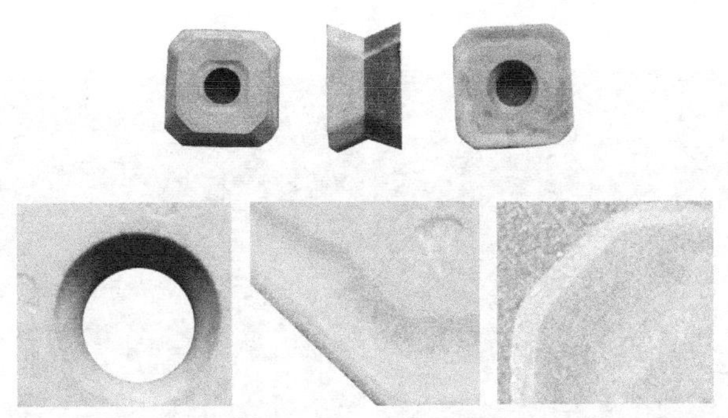

图 3-3　采用 pH=8 的剥离液在 55℃处理 6h 后 TiAlN 单涂层硬质合金刀片的宏观形貌

3.3.3　TiAlN 单涂层去除作用机理

图 3-4 所示为废 TiAlN 单涂层硬质合金刀片截面 SEM 形貌及 EDS 分析结果。从图 3-4 可以看出，TiAlN 单涂层比较薄，通过软件分析涂层厚度约为 2μm。图 3-5 所示为该刀片表面 SEM 形貌，样品表面存在孔洞和微裂纹等缺陷，产生的主要原因是刀片在加工过程中的机械磨损及高温引起的热应力。研究结果显示，刀片表面平整处 TiAlN 涂层去除较快，表面形状不规则处涂层去除相对较慢。原因可能是刀片平整处缺陷多于边角等形状不规则处。

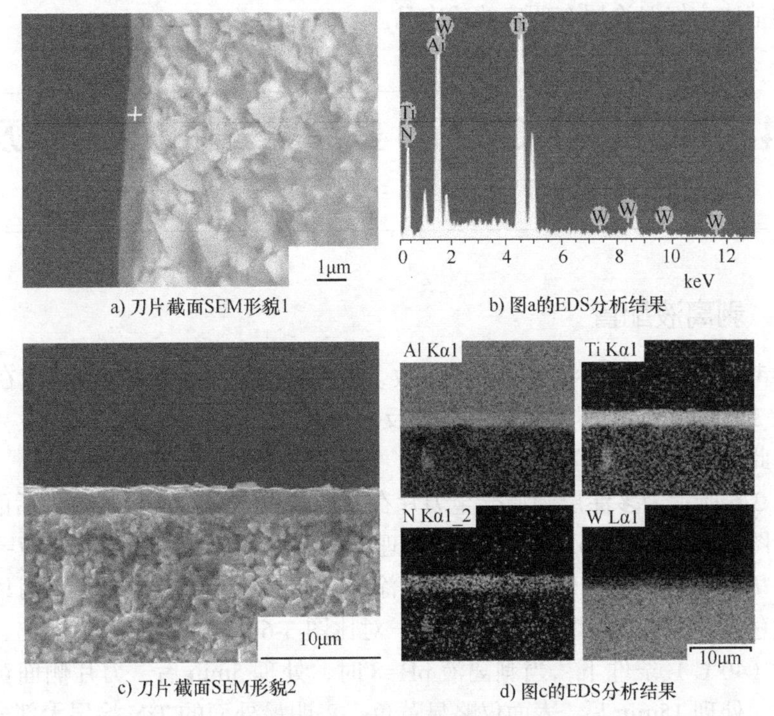

a) 刀片截面SEM形貌1　b) 图a的EDS分析结果

c) 刀片截面SEM形貌2　d) 图c的EDS分析结果

图 3-4　废 TiAlN 单涂层硬质合金刀片截面 SEM 形貌及 EDS 分析结果

图 3-5 废 TiAlN 单涂层硬质合金刀片表面 SEM 形貌

采用 pH=8 的剥离液在 55℃下经 6h 处理后，刀片表面 TiAlN 涂层完全去除，基体部分包含刃口保持较为完整，可以返回刀具厂沉积新涂层后再用于要求不高的数控加工。建议返回原厂重新沉积与原来一样的涂层，这样可以降低应力和减少缺陷的产生，延长刀片寿命。这种废涂层硬质合金去涂层后再利用的方法简单快捷，也避免了再生硬质合金制备过程中带入杂质，可大幅度缩短回收流程并降低生产成本，提高了废硬质合金的利用率，适用于涂层去除效果较好且基体保持完整的废涂层硬质合金，尤其适用于涂层硬质合金制备过程中出现的基体完好但涂层有瑕疵的残次品。

3.4 TiCN/Al_2O_3/TiN 多涂层去除工艺规律及作用机理

3.4.1 剥离液配置

参考去除 TiAlN 单涂层的工艺参数，这里尝试采用 pH=8 的剥离液在 55℃下去除 TiCN/Al_2O_3/TiN 多涂层，发现反应剧烈以至溶液沸腾，去除效果并不好。因此需调整相关参数。

图 3-6 所示为多涂层硬质合金刀片在不同条件下采用剥离液处理后的宏观形貌。图 3-6a、图 3-6b 和图 3-6c 的处理条件分别是 T=38℃、pH=9；T=40℃、pH=8；T=40℃、pH=9。刀片侧面 TiN 涂层初始颜色为明亮的黄色，可以通过侧面颜色变化判断表面涂层去除情况。对比图 3-6b 和图 3-6c 可以看出，在相同温度（40℃）条件下，当剥离液 pH=8 时，处理 5min 后，刀片侧面黄色褪去不少；处理 15min 后，表面仅略显黄色，表明最外面的 TiN 涂层大部分被去

除。为了提高涂层剥离速度，将剥离液 pH 增大为 9，处理温度保持 40℃。如图 3-6c 所示，处理 15min 后，刀片侧面的黄色涂层完全去除干净，只露出灰色表面。结果表明，相同处理温度下，当剥离液 pH=9 时的涂层去除效果优于 pH=8 时，在 40℃用化学法去除 TiCN/Al_2O_3/TiN 涂层速度随着 pH 值增大而加快。当 pH 高于 9 的剥离液倒入装有多涂层硬质合金刀片 A 的烧杯中后，很多泡沫瞬时喷出，导致溶液中有效成分过氧化氢瞬时挥发，涂层剥离效率反而会降低。因此，应控制剥离液的 pH 值。试验结果表明，当剥离液的 pH=9 时，TiCN/Al_2O_3/TiN 涂层的去除效果较好。

a) T=38°C，pH=9

b) T=40°C，pH=8

c) T=40°C，pH=9

图 3-6　多涂层硬质合金刀片在不同条件下采用剥离液处理后的宏观形貌

3.4.2　工艺参数影响规律

图 3-6a 和图 3-6c 分别是在 38℃和 40℃条件下采用 pH=9 的剥离液用化学法处理过的刀片。结果显示，当处理温度为 38℃时，5min 后，侧面黄色略微变浅；时间增长到 15min 后，侧面显示为微黄。当处理温度升高到 40℃后，

处理5min后刀片侧面黄色明显褪去很多；15min后，侧面显示为灰色，最外面黄色涂层被去除。结果表明，当剥离液pH=9时，在40℃下处理时涂层剥离速度快于温度为38℃时，即涂层去除速度随温度升高而加快。将水浴锅温度提高至50℃，配置好的pH=9的剥离液倒入放好刀片的烧杯中后，烧杯中瞬间喷出很多泡沫，剥离液中过氧化氢分解加快，导致溶液中有效成分浓度降低，涂层去除速度反而降低。结果显示，对于TiCN/Al_2O_3/TiN多涂层，采用剥离液pH=9、处理温度为40℃时较为合适。

以上都是一个烧杯中放置1个刀片的处理结果，当多个刀片同时放在同一个容器中用剥离液通过化学法处理时，多个反应产生的热量同时放出，引起温度迅速升高，导致过氧化氢快速挥发而影响去除效果。在实际生产中，一般数量较多的刀片同时加工，企业大面积生产时应根据实际情况调整相关参数。

3.4.3　含Al_2O_3多涂层去除作用机理

图3-7所示为TiCN/Al_2O_3/TiN多涂层硬质合金刀片侧面的XRD（X射线衍射）分析结果。除了表面涂层氮化钛，还发现了中间涂层氧化铝、基体主要成分碳化钨和钴的峰，主要原因是涂层厚度小于20μm，涂层内部及基体成分可以被探测到。

图3-8所示为废TiCN/Al_2O_3/TiN多涂层硬质合金刀片A表面的SEM形貌。从图3-8可以看出，样品的表面不平整，存在很多缺陷，这些缺陷产生的主要原因是在加工工件过程中的机械磨损和瞬时高温引起的应力。缺陷集中在侧面边缘处，部分区域涂层已经脱落，露出里面涂层或基体。

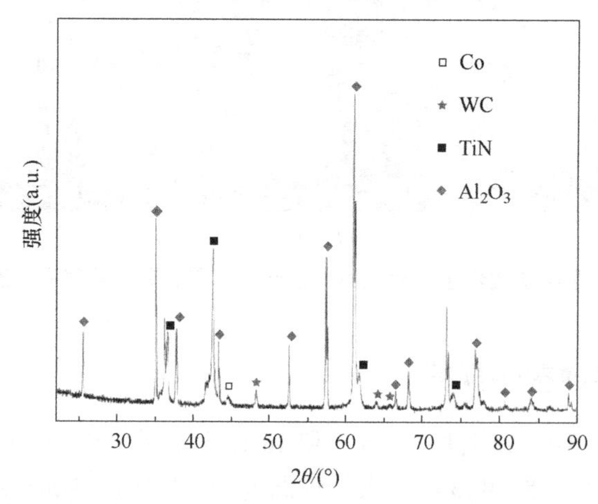

图3-7　TiCN/Al_2O_3/TiN多涂层硬质合金刀片侧面的XRD分析结果

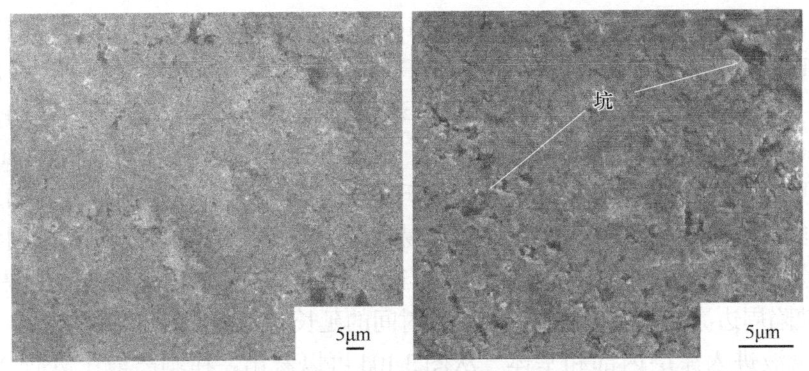

图 3-8　废 $TiCN/Al_2O_3/TiN$ 多涂层硬质合金刀片 A 表面的 SEM 形貌

图 3-9 所示为更清晰的 $TiCN/Al_2O_3/TiN$ 多涂层硬质合金刀片侧面 SEM 形貌及 EDS 分析结果。从图 3-9a 中可以更清楚地看到刀片侧面存在很多孔洞和裂纹。图 3-9b 和图 3-9c 所示为侧面完整处 *A* 和坑处 *B* 的 EDS 分析结果。结果显示，完整处 *A* 的 Ti 和 N 元素的摩尔分数比较高，结合 XRD 分析结果，证实了完整侧面最外层的主要成分是 TiN，而涂层破损处的主要成分为 Al_2O_3，可能是外层 TiN 涂层脱落露出中间涂层。EDS 分析结果显示，*B* 处含有碳元素，可能来源于里层 TiCN 涂层或基体中的主要成分 WC。

a) 刀片侧面SEM形貌

元素	质量分数(%)	摩尔分数(%)
N K	14.74	31.37
O K	11.82	22.01
Al K	1.88	2.07
Ti K	71.57	44.54

满量程12538cts 光标0.000　keV

b) *A*处EDS分析结果

元素	质量分数(%)	摩尔分数(%)
C K	5.59	9.21
O K	47.51	58.73
Al K	39.69	29.09
Ti K	7.20	2.97

满量程17248cts 光标0.000　keV

c) *B*处EDS分析结果

图 3-9　$TiCN/Al_2O_3/TiN$ 多涂层硬质合金刀片侧面的 SEM 形貌及 EDS 分析结果

图 3-10 所示为 $TiCN/Al_2O_3/TiN$ 多涂层硬质合金刀片经过处理后的侧面 SEM 形貌及 EDS 分析结果。图 3-10a 所示为处理温度为 38℃、剥离液

pH=9 时处理 5min 后的刀片侧面 SEM 形貌，可以看出表面存在少量裂纹。图 3-10b~图 3-10d 所示为温度为 40 ℃时，采用 pH=9 的剥离液分别处理 5min、15min 及 20min 后的刀片侧面 SEM 形貌。由图 3-10b 中可以看出，处理 5min 后，刀片表面存在裂纹和孔洞，缺陷数量和尺寸明显多于图 3-10a。结果表明，当采用 pH 值相同的剥离液处理相同时间后，温度越高，表面出现缺陷越多。缺陷周边致密性差，溶液容易渗入。另外，缺陷周边点阵排列不规则，原子活跃而易发生反应。因此，缺陷成为溶液进入涂层内部和基体的快速通道，缺陷周边涂层去除较快。随着处理时间的延长，表面孔洞和裂纹增多，更多的剥离液进入涂层内部和基体。从图 3-10d 可以看出，在剥离液中处理 20min 后的废硬质合金侧面形貌发生了明显变化，表面颗粒尺寸相对较大。根据图 3-10e 中 *A* 点的 EDS 分析结果可以看出，此时表面除了少量 Ti 元素，仅含有 Al 和 O 元素，可以推测此时最外层的 TiN 涂层已基本去除，露出中间的 Al_2O_3 涂层。根据刘阳等人[83]的研究报道，氮化钛与过氧化氢在此条件下发生如下反应：

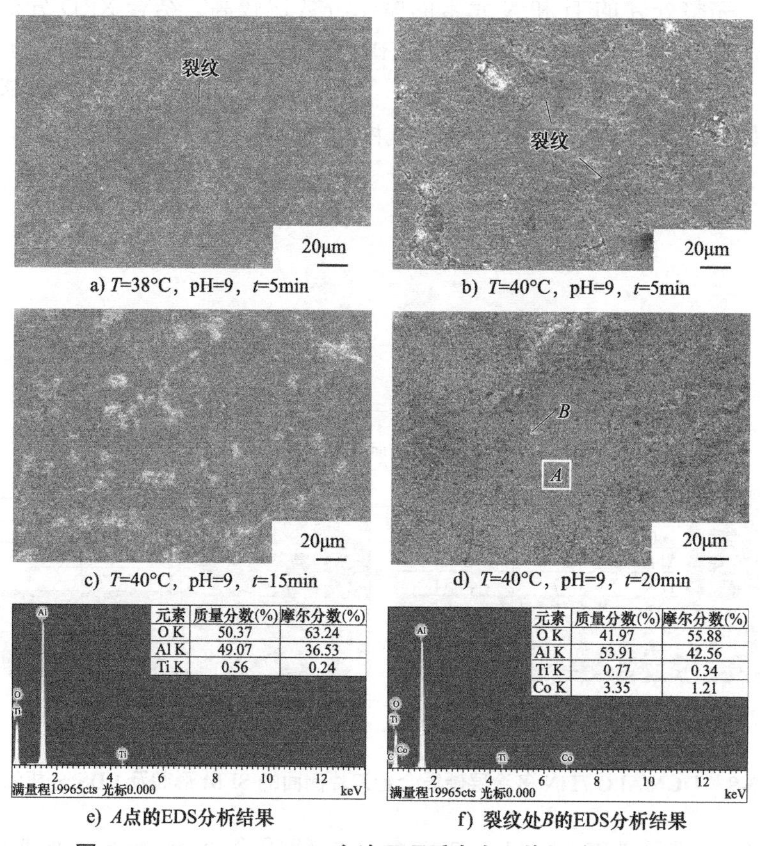

a) *T*=38°C，pH=9，*t*=5min　b) *T*=40°C，pH=9，*t*=5min

c) *T*=40°C，pH=9，*t*=15min　d) *T*=40°C，pH=9，*t*=20min

e) *A*点的EDS分析结果　f) 裂纹处*B*的EDS分析结果

图 3-10　TiCN/Al_2O_3/TiN 多涂层硬质合金刀片经过处理后的侧面 SEM 形貌及 EDS 分析结果

$$2TiN+H_2O_2+4H_2O \longrightarrow 2TiO^{2+}+2NH_3\uparrow+4OH^- \qquad (3-1)$$

在该条件下，氮化钛涂层与溶液中过氧化氢发生化学反应，在20min内被快速去除干净，露出中间涂层氧化铝。

图3-10f所示为图3-10d中裂纹处*B*的EDS分析结果。图3-10f中显示，此处主要元素同样为Al和O，还含有少量来源于基体的Co元素。在涂层去除过程中，涂层隔离了基体和溶液，基体元素Co通过裂纹往外扩散到刀片表面，验证了缺陷为元素扩散和溶液渗入提供了快速通道。

图3-11所示为废多涂层WC-Co硬质合金刀片A的截面形貌。由图3-11可以看出，该面只有两层，在生产过程中，氮化钛涂层被去除以减少应力，最外层为化学性质稳定的Al_2O_3涂层。该黑色带孔面具有良好的抗高温氧化性能。

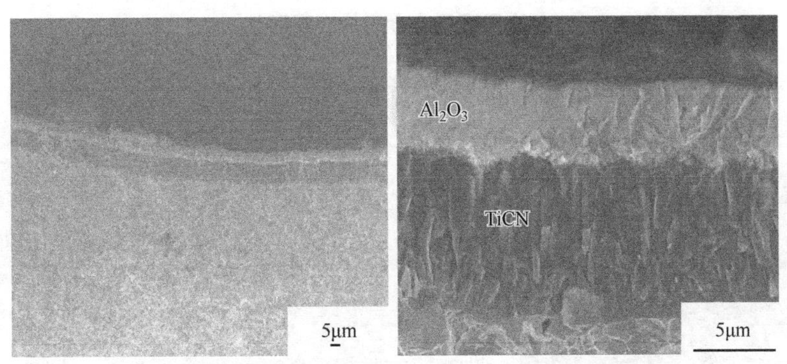

图3-11 废多涂层WC-Co硬质合金刀片A的截面形貌(黑色带孔面)

图3-12所示为采用pH=9的剥离液在40℃下经化学法处理前后的多涂层硬质合金刀片宏观形貌，其中图3-12a所示为未去除涂层（处理前）的刀片，图3-12b所示为该条件下处理20min后的刀片。从图3-12中可以看出，带孔正面的氧化铝涂层还是保持黑灰色，与反应前比几乎没有变化，而此时侧面黄色TiN涂层已被去除。结果表明，采用pH=9的剥离液中在40℃下处理，TiN涂层去除效果较好，氧化铝涂层剥离速度较慢，需要延长处理时间。一方面因为氧化铝性质稳定，具有良好的耐蚀性和抗氧化性能，难以与其他物质发生反应；另一方面可能因为该面只有氧化铝和氮碳化钛两层，加工工件时产生的热应力较小，因此缺陷相对较少，剥离速度较慢。

图3-13所示为图3-12对应的SEM形貌及EDS分析结果。其中，图3-13a所示为废涂层硬质合金处理前带孔大面表面，最外层为氧化铝涂层；图3-13b所示为采用pH=9的剥离液在40℃下处理20min后的刀片SEM形貌，可以看

出，表面形貌与处理前相比并没有明显变化。图 3-13c 和图 3-13d 所示为表面 *A*、*B* 处的 EDS 分析结果，显示两处都含有 O、Al 和 Ti，元素含量相近。结果验证了用剥离液在该条件下处理 20min 后氧化铝涂层没有明显变化。

a) 处理前

b) 处理后

图 3-12　用 pH=9 的剥离液在 40℃下经化学法处理前后的多涂层硬质合金刀片宏观形貌

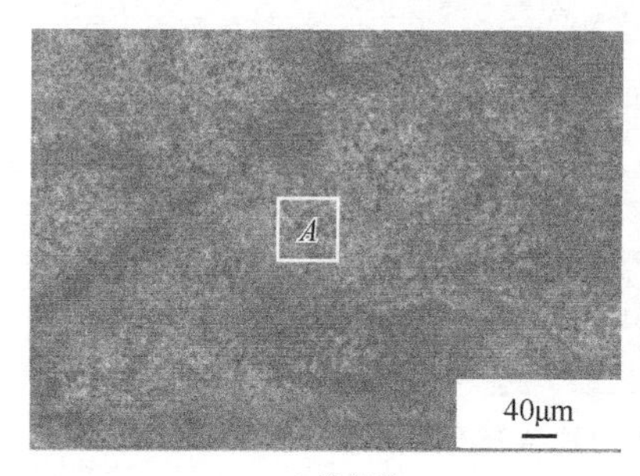

a) 处理前

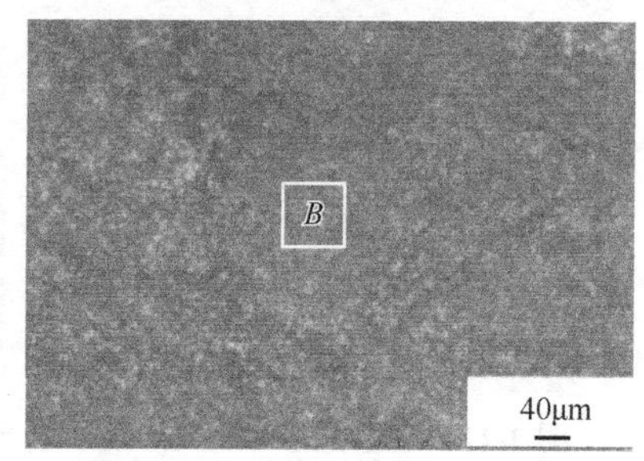

b) 处理后

元素	质量分数(%)	摩尔分数(%)
O K	44.85	57.94
Al K	54.62	41.83
Ti K	0.52	0.23

c) *A*处EDS分析结果

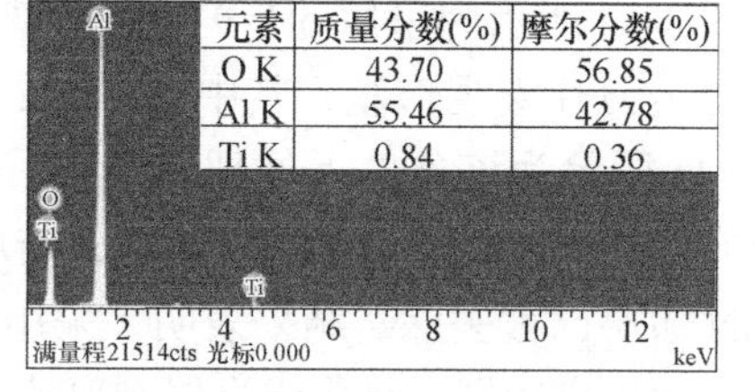

元素	质量分数(%)	摩尔分数(%)
O K	43.70	56.85
Al K	55.46	42.78
Ti K	0.84	0.36

d) *B*处EDS分析结果

图 3-13　多涂层硬质合金刀片带孔正面处理前后表面 SEM 形貌及 EDS 分析结果

为了进一步去除氧化铝涂层，将废多涂层硬质合金刀片在 pH=9 的剥离液中 40℃下的浸泡时间延长。如图 3-14 所示，侧面涂层去除面积随着浸泡时间的延长而增大。图 3-15 所示为 $TiCN/Al_2O_3/TiN$ 多涂层硬质合金刀片处理 72h 后的宏观形貌。图中显示，刀片侧面（见图 3-15b）涂层已被完全去除，露出灰色基体；带孔刀片正面（见图 3-15a）也显示灰色，绝大部分涂层已被去除，仅不规则的边角处可发现少量黑色涂层。

a) 7h　　b) 12h　　c) 25h

图 3-14　$TiCN/Al_2O_3/TiN$ 多涂层硬质合金刀片侧面处理不同时间后的宏观形貌

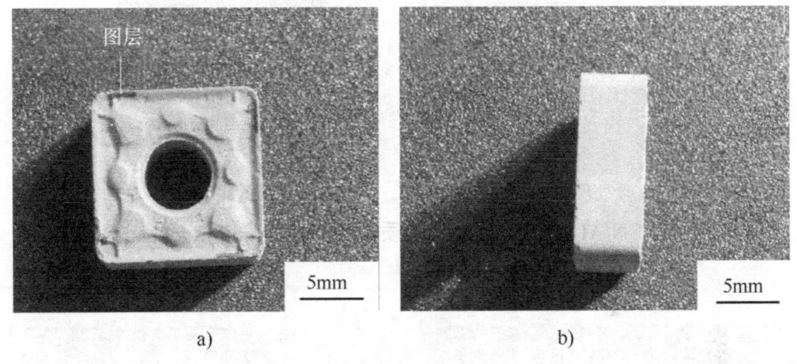

a)　　b)

图 3-15　$TiCN/Al_2O_3/TiN$ 多涂层硬质合金刀片处理 72h 后的宏观形貌

处理时间延长至 76h 后，刀片宏观形貌如图 3-16 所示。多涂层硬质合金表面涂层被去除干净，去除涂层后的基体损伤较小，基本保持完整。

图 3-17 所示为图 3-15 中样品表面 SEM 形貌和 EDS 分析结果。由图 3-17a 可以看出，处理 72h 后的刀片表面整体较为平整。图 3-17b 显示表面大部分为白色颗粒，图 3-17c 所示为 *A* 点 EDS 分析结果，可知白色物质主要是基体成分中的 C、Co 和 W 元素，并未含有涂层元素 Ti、N 和 Al，由此推测白色颗粒处的涂层已被去除，露出基体。研究表明，采用 pH=9 的剥离液在温度 40℃条件下能去除 $TiCN/Al_2O_3/TiN$ 多涂层。

氧化铝涂层致密性较好，化学性质稳定，难以与其他物质反应，将溶液与基体隔离，溶液难以贯穿完整的氧化铝涂层进入基体。根据之前的分析，废刀片表面在数控加工时产生了许多缺陷，这些缺陷成为溶液进入刀片的快速通道。如图 3-18 所示，溶液通过涂层缺陷进入 TiCN 涂层并与之反应，TiCN 涂层去除后氧化铝涂层被剥离。

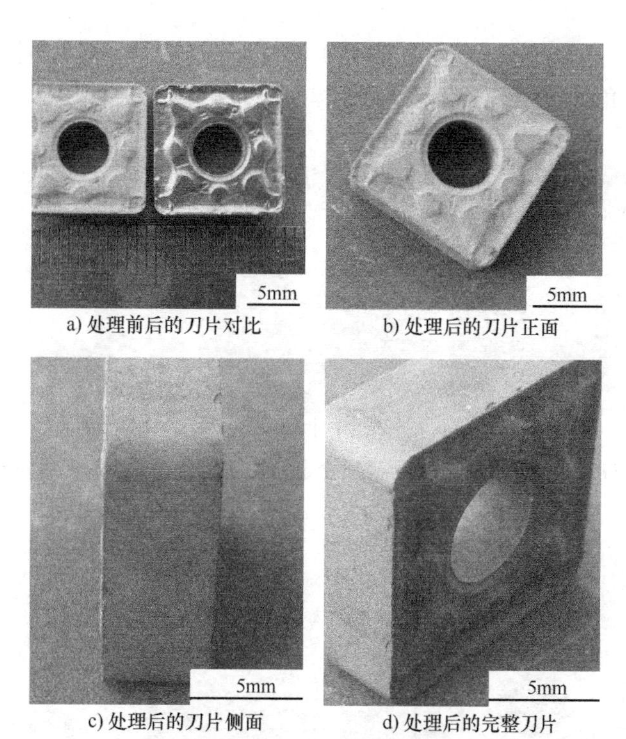

a) 处理前后的刀片对比　　b) 处理后的刀片正面

c) 处理后的刀片侧面　　d) 处理后的完整刀片

图 3-16　$TiCN/Al_2O_3/TiN$ 多涂层硬质合金刀片处理 76h 后的宏观形貌

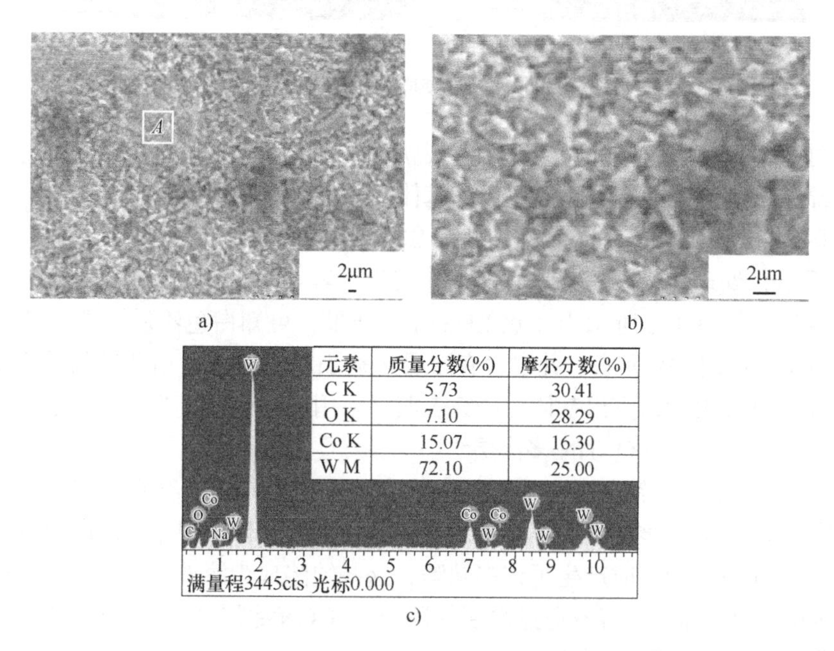

a)　　b)

c)

图 3-17　刀片在 pH=9 的剥离液中 40℃下处理 72h 后的 SEM 形貌及 EDS 分析结果

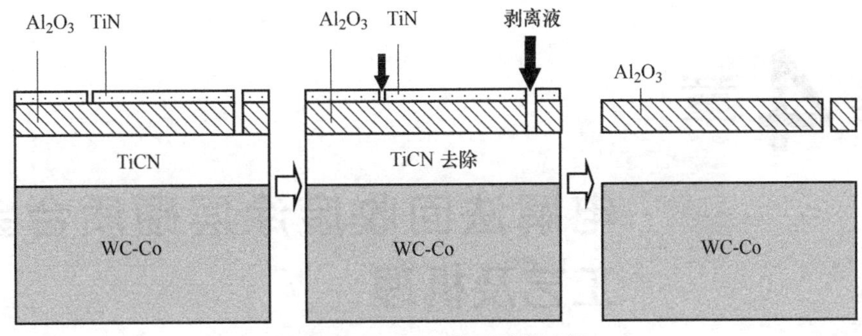

图 3-18　Al_2O_3 涂层剥离过程

研究结果表明，在相同条件下，氮化钛涂层能较快去除，氧化铝涂层剥离所用时间较长。相对于边角等形状不规则处，平面光滑处涂层的去除速度较快。结果显示，去除涂层后基体损伤较小，基本保持完整，可重新沉积涂层后直接使用。该方法对于一些形状简单、涂层去除较快的废涂层硬质合金尤为适用。

3.5　化学法回收涂层硬质合金分析

采用自主开发的一种过氧化氢加焦磷酸钾为主要成分的剥离液，在普通条件下通过化学法成功去除废刀片表面 TiAlN 单涂层和 TiCN/Al_2O_3/TiN 多涂层，为基体保持较好的废涂层硬质合金刀片去除表面涂层后制备新涂层再重新使用提供理论参考和技术支持。得到主要结论如下：

1）在一定范围内，涂层去除速度随着温度和剥离液的 pH 值增加而加快，但温度过高和 pH 值过大都会引起有效成分过氧化氢快速挥发，导致涂层去除速度降低。TiAlN 单涂层和 TiCN/Al_2O_3/TiN 多涂层去除效果较好的处理条件分别为温度 40℃、pH=9 和温度 55℃、pH=8。在工业生产时，应考虑加工的废料数量较多时同时放热，工艺参数可根据上述结果适当调整，为涂层退镀工艺参数控制提供参考。

2）TiN 和 TiAlN 涂层在分别在 20min 和 6h 内能完全去除。完全去除性质稳定的氧化铝需要时间较长。在实际生产中，先根据表面涂层分类，然后分别在不同条件下采用剥离液进行处理，可以提高效率。

3）相同条件下，平整光滑处涂层的剥离速度快于形状不规则的边角、孔洞处。涂层被剥离后，刀片的基体基本能保持原来形状，损伤较小。对表面光滑、形状简单且基体保持较完整的废涂层硬质合金刀片，可采用剥离液去除涂层→制备新涂层的简单流程后，重新应用于要求不严格的数控加工。

第4章 电解法回收废涂层硬质合金工艺及机理

4.1 电解法回收废涂层硬质合金简介

对废涂层硬质合金，可根据基体是否完整分类后进行回收。对于基体不完整及形状复杂的废涂层硬质合金，制备成回收 WC 粉末再回收利用是一种有效的综合利用途径。在回收过程中，涂层与基体和其他物质相互作用，不仅影响回收工艺稳定性，也影响再生产品性能。

近年来，硬质合金的回收已取得一些成效，但普遍存在回收料杂质多、再生硬质合金性能不佳的问题。涂层硬质合金含有的涂层元素更容易导致再生产品杂质增多，提高再生产品性能是废涂层硬质合金回收的技术难题。电解法能使废硬质合金中的成分分解，本身具有净化作用[5]，得到的回收 WC 粉末纯度较高。席晓丽等人[85]采用多步选择性电解法回收硬质合金，可以得到高纯的碳化钨；谭翠丽等人[86]采用电解法从废硬质合金中得到晶粒结构优良、微观夹杂少的碳化钨。有望通过采用电解法回收废涂层硬质合金得到高纯 WC 粉末，为制备高性能再生产品提供参考。

这里采用盐酸为电解质，研究了电解法回收废 TiCN/Al_2O_3/TiN 多涂层硬质合金的工艺参数，分析了涂层在回收过程中的作用机理和对回收料的影响。

4.2 电解法回收废涂层硬质合金试验

试验所用原料是瑞典某公司生产的废多涂层硬质合金刀片 A，如图 2-2 所示。基体材料主要为碳化钨和钴，4 个侧面覆盖了通过化学气相沉积制备的 $TiCN/Al_2O_3/TiN$ 涂层，两个带孔正面表面涂层为 $TiCN/Al_2O_3$。

废多涂层硬质合金刀片经过清洗、干燥后放入硬质合金研磨钵中人工敲碎，过 60 目筛，筛上物进一步敲碎后再过筛。将完整的废涂层硬质合金刀片、碎块及粉末分别装入烧杯中，通过玻璃棒导流，向烧杯倒入调配好的盐酸溶液作为电解液。

图 4-1 所示为电解法回收涂层硬质合金试验装置。采用电动机带动硬质合金钻头转动，钛板作为电极放入烧杯中，稳流电源和电极接上电源后完成电解装置。用万用表（UNI-T UT39E，优利德）测试电解液中的电流大小。

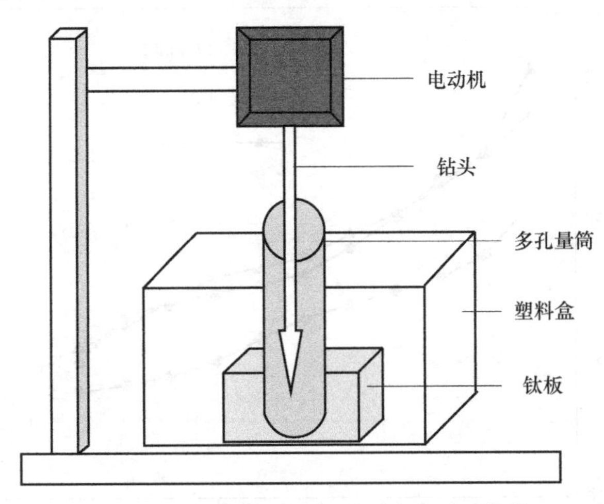

图 4-1　电解法回收涂层硬质合金试验装置

4.3　电解法回收废涂层硬质合金规律

4.3.1　电解工艺参数影响规律

在电解法回收废涂层硬质合金的过程中，盐酸浓度、电压对电解效率的影响较大。一般可以用点电流密度来表明电解法回收速度的快慢。在这里，每次试验所用烧杯、电极等都相同，可以用电解电流来表示电解速度的快慢。电流表示单位时间内电子或带电离子定向移动的数目，反应速度快则电流大。

图 4-2 所示为电压为 2V，采用不同浓度的盐酸作为电解液时电流随着电解时间的变化。每次倒入烧杯中盐酸体积均为 600mL，废涂层硬质合金粉末为 15g。结果显示，电流都随着电解时间的延长而减小，主要原因是电解液中的

离子浓度随着电解时间的延长而降低，导致电流值相应减小了。同时，盐酸浓度对电解法回收废涂层硬质合金的速率影响较大。采用盐酸浓度为 1.2mol/L 作为电解质时的电流始终大于相同电解时间下采用 1.0mol/L 盐酸作为电解质时，因为相同体积下，溶液中的离子数随着盐酸浓度的增大而增加。然而，当盐酸浓度增加到 1.5mol/L 时，电流大小与盐酸浓度为 1.2mol/L 时相比变化不明显，此时尽管溶液中的总离子数增大，但由于电解反应的限制，有效电离离子数并未明显增加，而且过高浓度的盐酸容易挥发，在电解过程中产生氯气，影响电解效率。结果表明，选择 1.2mol/L 盐酸作为电解液较为合适。

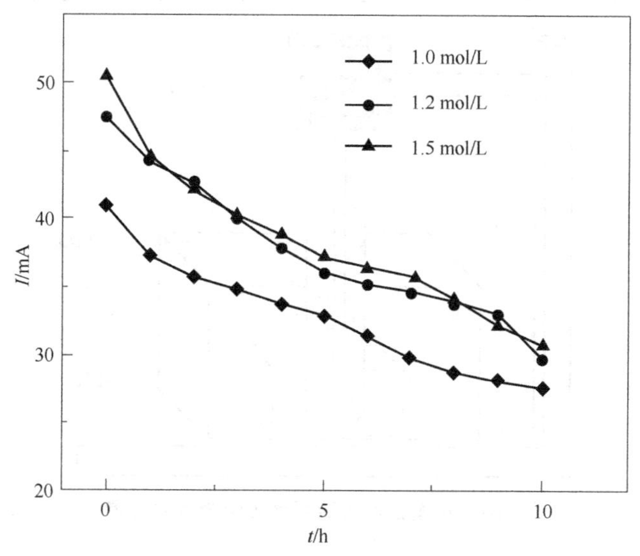

图 4-2　电压为 2V，采用不同浓度盐酸作为电解液时电流随着电解时间的变化

图 4-3 所示为采用 1.2mol/L 盐酸作为电解液时，在不同电压下电流随着电解时间的变化。由图 4-3 可以看出，电流随着电解时间的延长而减小，表明电解速度随着电解时间的延长而降低。结果显示，采用相同浓度的盐酸作为电解液时，电压为 2V 时的电流均高于电压为 1.5V 时，表明电解速度随着电压的增大而加快，主要原因是电压增大使电解离子数增多。电解过程中阳极氯离子发生如下反应：

$$2Cl^{-}-2e \longrightarrow Cl_2 \tag{4-1}$$

当采用的电压增加到 2.5V 时，盐酸的分解加快，溶液中氯离子增多，大量氯气从溶液中挥发出来。氯气对操作者健康不利，而且氯气氧化性很强，易引起硬质合金表面氧化，产生钝化现象，电解速度反而降低[87]，应通过控制电压来抑制氯气溢出。碳化钨在槽电压过高时发生如下反应：

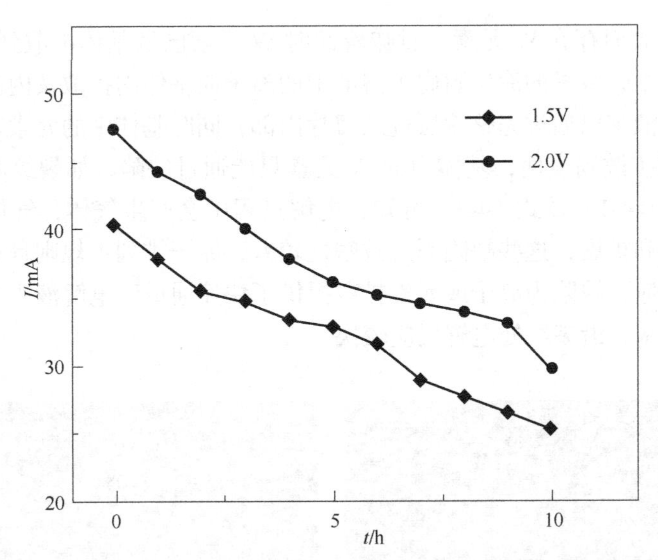

图 4-3　采用 1.2 mol/L 盐酸作为电解液时，在不同电压下电流随着电解时间的变化

$$WC+6H_2O-10e \longrightarrow H_2WO_4+CO_2+10H^+ \quad (4\text{-}2)$$

氧化产物附着在硬质合金表面，导致电解速度降低。结果显示，电解法回收废多涂层硬质合金时，选择电压为 2V 较为合适。

4.3.2　涂层对电解回收效率的影响

采用电压为 2V 的稳压电源作为电解电源，1.2mol/L 盐酸作为电解液，用电解法回收废多涂层硬质合金。在电解法回收废硬质合金过程中，主要发生以下反应[23, 25]。

阳极：
$$Co-2e \longrightarrow Co^{2+} \quad (4\text{-}3)$$

阴极：
$$2H^++2e \longrightarrow H_2 \quad (4\text{-}4)$$

为了研究电解法回收废涂层硬质合金原理，未破碎的废多涂层硬质合金刀片在电压 2V 条件下采用 1.2mol/L 盐酸为电解液处理了 5h，刀片表面 SEM 形貌及 EDS 分析结果如图 4-4 所示。图 4-4a 和图 4-4b 所示为刀片表面 SEM 形貌，由图可以看出，刀片表面存在许多横竖交错的裂纹，一些白色物质沿着裂纹分布，表面的凹坑也可以从图中清晰地看到。从图 4-4c 和图 4-4d 的 EDS 分析结果可知，刀片表面 Ti 元素含量较高，主要集中在表面较平整处，在裂纹处分布较少；涂层元素 Al 主要沿着裂纹分布。原料刀片的表面为 TiCN/Al_2O_3/TiN 涂层，可以推测，在电解过程中涂层保持了初始的组分，即表面最外层仍为 TiN 涂层，TiN 开裂后裂纹处露出中间涂层 Al_2O_3。元素分析结果显示，涂层并没有被溶解或扩散。图 4-4e 为图 4-4a 的 EDS 分析结果，由图 4-4e 可以看出，刀片表面存在 W 元素，意味着此时 W 元素已从基体扩散到刀片表面。在电解过程中，致密的涂层阻碍了溶液中的离子向基体内扩散及内部元素向表面扩散，溶液难以通过完整涂层进入刀片内部，同时基体中的元素也难以穿越致密的涂层扩散到表面，基体中的 W 元素只能通过缺陷，如裂纹和孔洞到达表面。由式（4-1）及式（4-3）可知，电解过程中会产生气体，气体的挥发引起缺陷生成和扩展，这些缺陷周边致密性较差，原子排列不规则且束缚较少而容易发生反应，缺陷为离子或元素扩散提供了快速通道，电解液主要通过裂纹进入刀片内部，沿裂纹处电解反应较快。

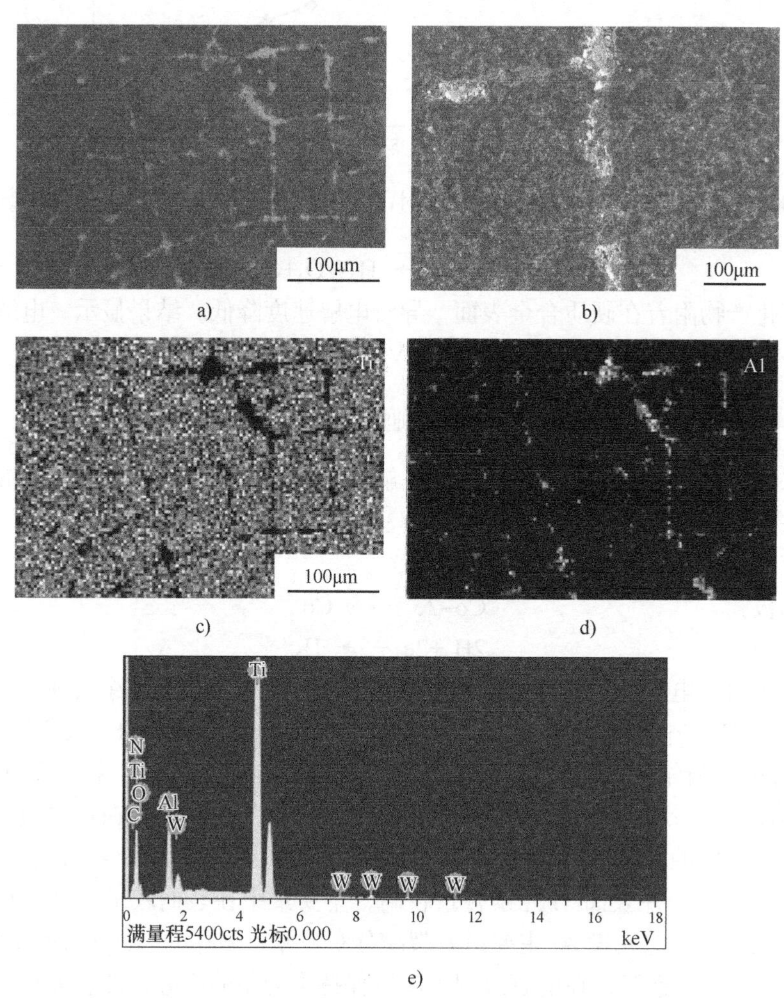

图 4-4　电解法处理 5h 后的废硬质合金刀片表面 SEM 形貌及 EDS 分析结果

图 4-5 所示为破碎后废多涂层硬质合金刀片块经电解法处理 5h 后的宏观

形貌。图中显示蓝色物质附着在合金刀片块的表面，表明电解法回收过程中出现了阳极钝化现象，即在阳极表面形成了氧化膜，导致电解效率降低[28]。相对于无涂层硬质合金，电解法回收涂层硬质合金过程中，涂层阻碍了元素扩散，钝化现象更容易发生，导致电解反应变慢甚至停止。钝化是电解法回收废涂层硬质合金的难题。张外平[25]认为，合金破碎至尺寸小于 4mm 则不会发生钝化现象，因此这里将废涂层硬质合金破碎后过 60 目筛，更多的 WC-Co 界面与电解液接触，减缓了钝化作用[27]。在实际生产中，可借鉴柴立元等人[28]的旋转阳极设计来提高回收效率，也可采用动态电解方法[27]。或许破碎预处理与采用减缓钝化作用的设备相结合，能更好地解决电解法回收废涂层硬质合金过程中的钝化问题，这里采用破碎与动态电解相结合的方式来提高电解效率，自制的动态电解装置如图 4-1 所示。

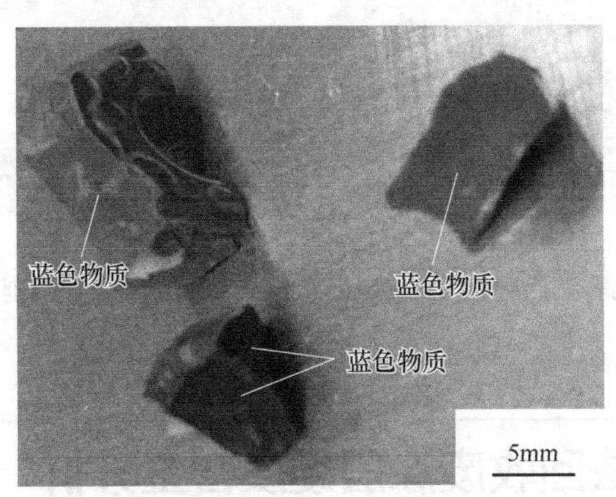

图 4-5　废多涂层硬质合金刀片块经电解法处理 5h 后的宏观形貌

图 4-6 所示为电解法回收废 $TiCN/Al_2O_3/TiN$ 涂层硬质合金得到的回收料。图 4-6a 所示为电解法回收料的宏观形貌。从图 4-6b 所示的 XRD 分析结果可以看出，得到的回收料为 WC 粉末。经过扫描电镜测试，从图 4-6c 和图 4-6d 中可以很清楚地看到涂层分布在回收 WC 颗粒间，证实了涂层在电解过程中并未溶解或扩散。XRD 分析结果显示，粉末中未发现其他物相，表明回收粉末中杂质较少，可能是由于电解法本身具有净化杂质的作用。

电解法回收废硬质合金主要是利用各材料标准电极电位的不同以将钴分离出来，适用于 $w(\mathrm{Co})>10\%$ 的合金。这里所用涂层硬质合金的 $w(\mathrm{Co})\approx7.4\%$，涂层的阻碍作用加剧了钝化现象的产生，导致电解效率降低。破碎有利于提高电解速度，但无法根本解决电解效率低这一难题。因此，电解法回收废涂层硬质合金前，应先对废料按照钴含量进行分类，但废硬质合金种类繁多，分类必然增加生产成本。电解法回收废涂层硬质合金的效益有待提高。

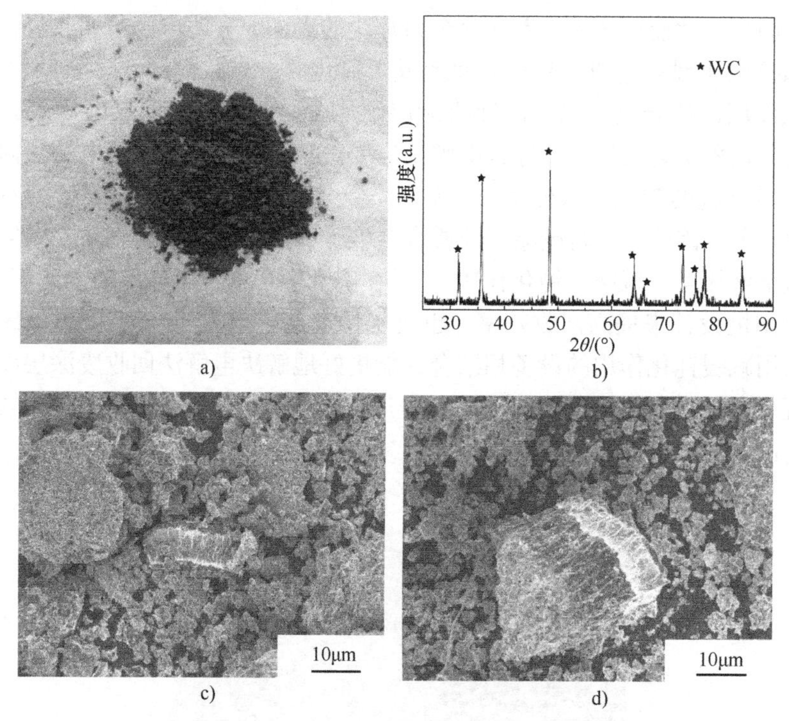

a) b) c) d)

图 4-6 电解法回收废 TiCN/Al_2O_3/TiN 涂层硬质合金得到的回收料

4.4 电解法回收废涂层硬质合金分析

1）电解法回收废涂层硬质合金过程中，在电压为 2V 的条件下，采用 1.2mol/L 盐酸溶液作为电解液较为合适。用自制的动态电解装置回收废 TiCN/Al_2O_3/TiN 多涂层硬质合金成功得到再生 WC 粉末。

2）在电解法回收废涂层硬质合金过程中，涂层将溶液与基体隔离，延缓了电解反应，缺陷为离子或元素提供了快捷的扩散通道。相对于无涂层硬质合金，电解法回收废涂层硬质合金过程中更容易产生钝化现象，导致电解效率降低，钝化成为电解法回收废涂层硬质合金的最大难题之一。废涂层硬质合金的钴含量一般低于 10%（质量分数），不适合用电解法回收。锌熔法和氧化还原法回收的 WC 粉末可以直接利用，或许更适用于回收废涂层硬质合金。

第5章 锌熔法回收废涂层硬质合金工艺及机理

5.1 锌熔法回收废涂层硬质合金简介

用电解法回收制备的再生 WC 粉末纯度较高，由于涂层加剧了钝化作用及废涂层硬质合金一般 $w(Co) < 10\%$，电解法回收废涂层硬质合金的效率有待提高。不同于湿法回收制备 APT，锌熔法回收制备的 WC 粉末可以直接利用。因此，这里重点研究物理冶金法回收废涂层硬质合金，直接利用再生碳化钨。

锌熔法回收硬质合金所用设备简单、流程短[88]，是一种经济有效的废硬质合金回收方法[89-91]，被广泛应用。锌熔法回收无涂层硬质合金技术成熟，但采用锌熔法回收废涂层硬质合金鲜有报道。在回收过程中，涂层与基体（WC-Co）、Zn 发生相互作用，这将影响锌熔法回收工艺参数，同时涂层元素可能残留在废涂层硬质合金回收料（简称回收料）中，影响再生硬质合金的性能。K. J. Brookes[92] 预测，涂层是锌熔法回收废硬质合金的主要问题，需要更深入研究。TiAlN 单涂层和 $TiCN/Al_2O_3/TiN$ 多涂层应用范围广，通过研究锌熔法回收这两种涂层硬质合金的工艺控制及作用机理，以推广涂层硬质合金回收，提高钨资源的再生利用率。

随着锌熔法回收技术的发展，越来越多的锌熔法回收料得以再生利用，但存在杂质多、颗粒大小不均匀等问题，导致再生硬质合金及后期产品性能不佳。由于涂层的影响，涂层硬质合金回收料中杂质较多，清洗回收料是简单、直接降低杂质含量的方法。密度相差较大的物质在超声波作用下被分层，因此超声清洗常用于去除杂质和污渍。碳化钨密度大而涂层的密度相对较小，理论上可以通过超声清洗分层后降低杂质含量。涂层硬质合金中涂层与基体连接性较好，超声清洗对回收料杂质的影响需要进一步研究。

稀土通常可以净化界面，经常被用作制备稀土再生硬质合金，以提高回收产品性能。这里将不同含量的稀土加入锌熔法回收废涂层硬质合金所得的回收料中，研究稀土添加量的控制，分析涂层与稀土、碳化钨之间的作用机理，为提高再生产品的性能提供参考。

回收料中杂质较多，导致再生产品性能不佳，这是回收料再生利用普遍存在的问题。将回收料按比例加入原生 WC 粉末中，理论上可以降低杂质含量，或者可以利用氧化铝的高硬度作为增强相来提高再生硬质合金的性能。这里研究了回收料与原生 WC 粉末的配料比控制，讨论了物质间的相互作用。

5.2 锌熔法回收废涂层硬质合金试验

采用锌熔法回收 TiAlN 单涂层 WC-Co 硬质合金刀片、TiCN/Al_2O_3/TiN 多涂层 WC-Co 硬质合金刀片 A 和刀片 B，分别如图 2-1~ 图 2-3 所示。

TiCN/Al_2O_3/TiN 多涂层应用范围较广。为了进一步确定 TiCN/Al_2O_3/TiN 多涂层对锌熔法回收的影响，采用锌熔法回收了瑞典某公司生产的 TiCN/Al_2O_3/TiN 多涂层 WC-Co 硬质合金刀片 A 和日本某公司生产的另一个牌号刀片 B。图 5-1 所示为废多涂层硬质合金刀片 B 的截面 SEM 形貌。从图 5-1 可以看出，与多涂层硬质合金刀片 A 一样，该刀片表面覆盖三层差别明显的 TiCN/Al_2O_3/TiN 涂层。采用 Nano Measurer 1.2 软件分析对应的 SEM 图，可知刀片 A 和刀片 B 的涂层总厚度分别约为 14.8μm 和 5.5μm，而且各涂层厚度也不相同。

图 5-1　废多涂层硬质合金刀片 B 的截面 SEM 形貌

图 5-2 所示为废多涂层硬质合金刀片 B 的表面 SEM 形貌。从图 5-2 可以看出，

与多涂层硬质合金刀片A一样，刀片B的表面不平整，存在许多缺陷。这些缺陷产生的主要原因是刀片在数控加工过程中的机械磨损和高温引起的应力。

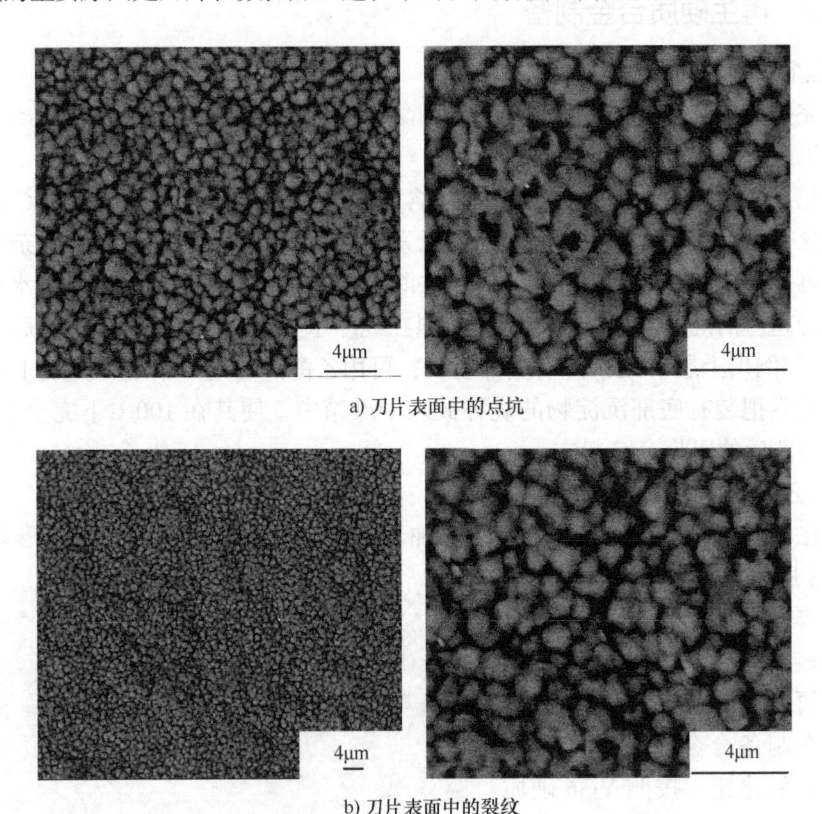

a) 刀片表面中的点坑

b) 刀片表面中的裂纹

图5-2　废多涂层硬质合金刀片B的表面SEM形貌

5.2.1　熔散硬质合金过程

将锌锭用电火花线切割机床切割成小块以便装入石墨坩埚。锌块和废硬质合金刀片经超声清洗后置于干燥箱中，并在100℃下完全干燥后备用。为了方便研究锌进入涂层及涂层被突破的过程，每两个刀片用石墨棒从刀片中间孔穿好以固定刀片位置，侧面用石墨板固定，放入坩埚后再用称量好的锌块固定。这里所用锌与废硬质合金的质量比约为4∶1。石墨坩埚中装入锌块和刀片后，用与之配套的石墨盖盖严，以防空气进入导致锌被氧化。待电阻炉温度升到880℃后，将装入原料的密封坩埚一起放入炉中，在恒温下分别保温不同时间。对不经蒸馏除锌而直接冷凝后的样品，用电火花线切割机床切割成平整块体，观察含刀片的截面。为了对比突出涂层对回收的影响，这里采用第3章中介绍的方法去除刀片表面涂层，得到无涂层硬质合金刀片，锌熔法回收无涂层硬质合金刀片过程同上。

5.2.2 再生硬质合金制备

5.2.2.1 回收 WC 粉末清洗

完全熔散后的样品用 2mol/L 稀盐酸充分溶解，依次经过清洗、分离、干燥等工序，得到回收 WC 粉末。

相对于原生 WC 粉末，回收料中含有较多杂质。锌熔法回收的 WC 粉末一般含有 Zn、Fe 及 Si 等杂质，涂层元素也容易残留在回收料中，这些杂质将影响再生产品性能。这里采用物理法去除或降低杂质含量，依次用纯净水和乙醇进行超声清洗。具体步骤为：回收料在纯净水中超声清洗 15min，然后静置 30min，倒出上层溶液，留下底部物质；再用乙醇进行超声清洗，重复上面步骤；最后把装有底部沉淀物的烧杯放入干燥箱中，使其在 100℃下完全干燥，得到清洗后的回收 WC 粉末。

5.2.2.2 稀土再生硬质合金制备

在制备再生硬质合金过程中添加不同含量的氧化钇，其 SEM 形貌如图 5-3 所示。涂层硬质合金中的涂层厚度较小，涂层元素含量相对较低，为了研究氧化铝涂层在再生硬质合金中的作用机理，在制备合金过程中人为添加少量氧化铝。按照 YG6 硬质合金配比 6.0%（质量分数，下同）钴粉和不同含量的稀土、氧化铝，其余均为锌熔法回收多涂层硬质合金 A 得到的 WC 粉末。按照何文等人[55]报道的工艺制备成再生硬质合金。再生硬质合金样品的主要配料见表 5-1。

图 5-3 氧化钇的 SEM 形貌

表 5-1 再生硬质合金样品的主要配料

编号	样品	配料（质量分数，%）			
		Al_2O_3	Y_2O_3	Co	WC
5-1	YG6	0	0	6	94
5-2	YG6-Al0.1%	0. 1	0	6	余量

（续）

编号	样品	配料（质量分数，%）			
		Al_2O_3	Y_2O_3	Co	WC
5-3	YG6-Y0.4%	0	0.4	6	余量
5-4	YG6-Y1.2%	0	1.2	6	余量

5.2.2.3　混合再生硬质合金制备

为了充分利用回收 WC 粉末，提高再生硬质合金性能，将锌熔法回收 WC 粉末部分添加到原生 WC 粉末中，其配料见表 5-2。其中，原生 WC 粉末的制备过程如下：从某硬质合金公司购买 W025 钨粉，其 SEM 形貌如图 5-4 所示。按照工业生产中的一般工艺碳化得到原生 WC 粉末，按照 YG10 硬质合金配比质量分数为 10.0% 的钴粉，根据何文等人[55]报道的工艺制备成再生硬质合金。

表 5-2　制备混合再生硬质合金的 WC 粉末配料

编号	样品	配料 WC 粉末（质量分数，%）	
		锌熔法回收 WC 粉末	原生 WC 粉末
5-5	YG10-R10%	10	90
5-6	YG10-R30%	30	70
5-7	YG10-R50%	50	50

图 5-4　钨粉的 SEM 形貌

5.3 涂层组元及结构对硬质合金熔散过程的影响规律

在锌熔法回收涂层硬质合金的过程中，涂层、基体及锌之间相互作用，其作用机理研究有利于改善再生产品性能，对废涂层硬质合金回收的产业化至关重要。

5.3.1 $TiCN/Al_2O_3/TiN$ 多涂层

5.3.1.1 工艺参数的影响规律

图 5-5 所示为锌熔法回收废 $TiCN/Al_2O_3/TiN$ 多涂层 WC-Co 硬质合金刀片 A 过程中保温不同时间后的截面形貌。图 5-5a、图 5-5b 和图 5-5c 分别所示为刀片在 880℃下保温 2h、9h 和 15h 后的截面形貌。由图中可以看出，保温 2h 后，刀片中存在少量裂纹，灰色的锌填充在这些裂纹中；保温 9h 后，刀片截面还能保持原来的方形形状，刀片体积明显膨胀，可以看到刀片中存在更多裂纹；保温 15h 后，多涂层硬质合金刀片 A 完全分散在锌中。图 5-5d 和图 5-5e 所示为锌熔法回收去除涂层后的硬质合金刀片截面形貌。由图中可以看出，仅保温 2h 后，刀片已经无法保持方形，部分基体分散在锌中；保温 9h 后，基体完全分散在灰色锌中，已完成了刀片的熔散过程。结果表明，相对于去除涂层后的硬质合金，涂层硬质合金熔散过程需要时间更长。这是因为涂层阻碍了元素扩散，延缓了锌与钴的反应，导致熔散速度变慢。

5.3.1.2 回收过程中多涂层的作用机理

1. 物质间的相互作用

（1）物质间的化学反应　经过以上分析，在锌熔法回收废涂层硬质合金过程中，WC 颗粒保留了下来，因此 WC 未发生化学反应。其他物质，如 Zn、Co 与 $TiCN/Al_2O_3/TiN$ 涂层间可能的化学反应如下：

$$3Zn+2TiN \longrightarrow 2Ti+Zn_3N_2 \tag{5-1}$$

$$3Zn+Al_2O_3 \longrightarrow 2Al+3ZnO \tag{5-2}$$

$$3Zn+2TiCN \longrightarrow 2TiC+Zn_3N_2 \tag{5-3}$$

$$9Co+4Al_2O_3 \longrightarrow 3Co_3O_4+8Al \tag{5-4}$$

$$3Co+TiCN \longrightarrow Co_3N+TiC \tag{5-5}$$

$$3Co+TiN \longrightarrow Co_3N+Ti \tag{5-6}$$

计算以上化学反应在温度为 880℃，一个大气压试验条件下的标准自由能，结果都大于零（$\Delta G>0$）。依据热力学原理，以上化学反应不可能发生。因此，$TiCN/Al_2O_3/TiN$ 涂层在锌熔法过程中未发生化学反应。事实上，

因 Al_2O_3 具有良好的耐蚀性而在工业上常被用作反锌腐蚀材料[93]，与以上热力学分析结果一致。所以，化学反应不是涂层在熔散过程中失效的主要原因。

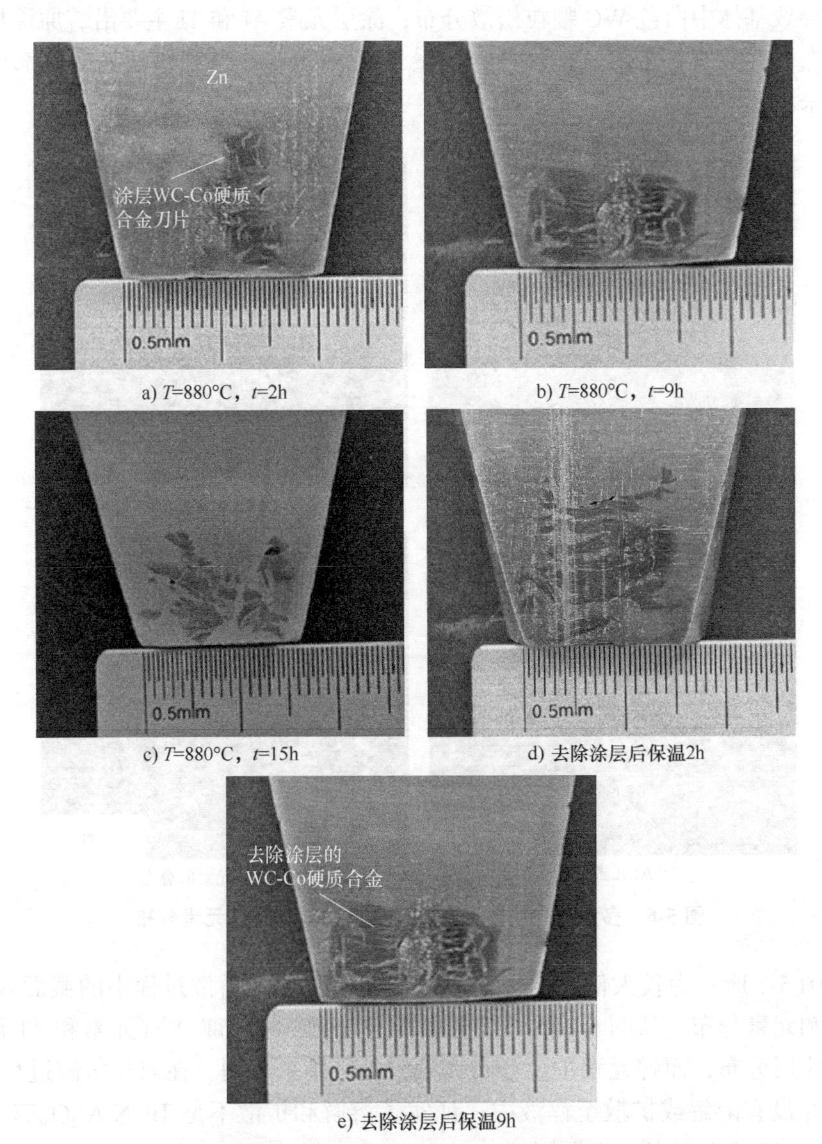

a) T=880°C，t=2h　b) T=880°C，t=9h

c) T=880°C，t=15h　d) 去除涂层后保温2h

e) 去除涂层后保温9h

图 5-5　锌熔法回收废 TiCN/Al_2O_3/TiN 多涂层 WC-Co 硬质合金刀片 A 过程中保温不同时间后的截面形貌

（2）溶解与扩散　在锌腐蚀物体过程中，不仅可能会发生化学反应，还会发生物理反应。物理反应是材料失效的一个重要因素，其中最重要的是溶解和扩散[93]。为了更好地理解回收过程中物质间的相互作用，分析了熔散后冷凝样品中的元素分布，如图 5-6 所示。由图 5-6 可以看出，Co 元素主要分布在灰色的锌富集区域，说明多涂层硬质合金刀片 A 中的黏结相 Co 被锌充分萃取出来，导致基体中白色 WC 颗粒松散分布；涂层元素 Al 和 Ti 主要沿着原涂层位置分布，并没有扩散到其他位置；少量 Ti 元素散布在 WC 颗粒处，这部分 Ti 主要来源于原基体。

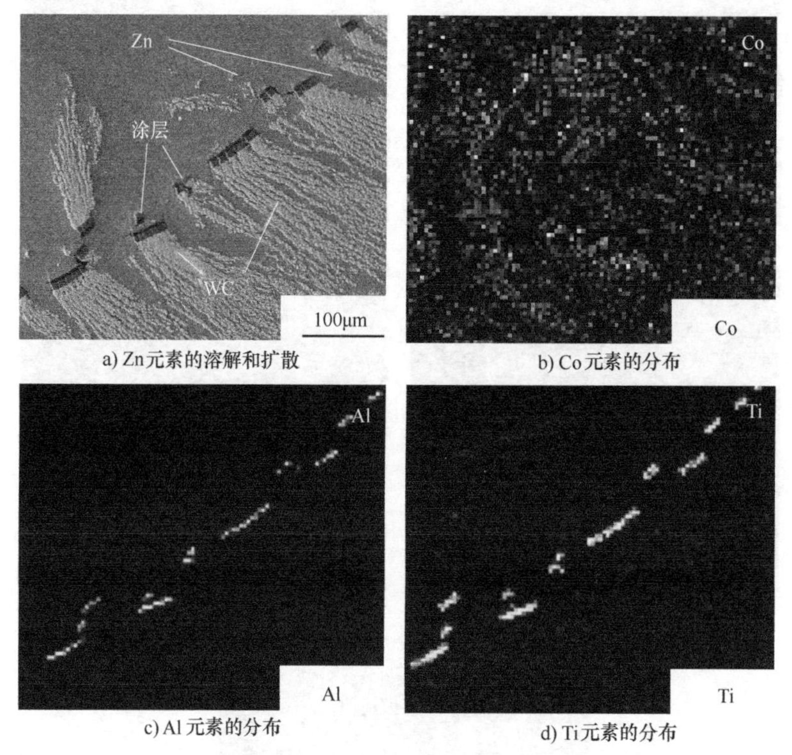

a) Zn元素的溶解和扩散　b) Co元素的分布
c) Al元素的分布　d) Ti元素的分布

图 5-6　多涂层硬质合金在锌熔法回收过程中的元素分布

图 5-7 所示为较大倍数的多涂层硬质合金刀片在熔散过程中的截面 SEM 形貌和元素分布。从图 5-7 中可以更清晰地看到，绝大部分 Ti 元素和 Al 元素沿着涂层分布，而锌元素主要分布在裂纹处。结果表明，在刀片熔散过程中，涂层并没有溶解或扩散至锌液中，证实了溶解和扩散不是 TiCN/Al_2O_3/TiN 多涂层被突破和失效的主要原因。

（3）缺陷　图 5-8 所示为 TiCN/Al_2O_3/TiN 多涂层硬质合金刀片 A 经锌熔法处理保温不同时间后的表面 SEM 形貌。经过熔散 2h 后的刀片截面如图 5-8a 所示，可以看到残留在涂层表面的锌呈圆球状，表明锌在涂层中的浸润性较差，因此熔融锌液难以通过涂层渗透到 WC-Co 基体中。在回收过程中，涂层将锌与基体隔离，阻碍了锌与钴的反应，导致熔散过程被延缓[94]。对浸润性差的材料，锌腐蚀主要是通过表面缺陷[95]，如凹坑和裂纹，它们为熔融锌液运输至涂层内部和基体提供了优先途径。因此，缺陷是 TiCN/Al_2O_3/TiN 多涂层硬质合金熔散过程中熔融锌液的主要进入通道。

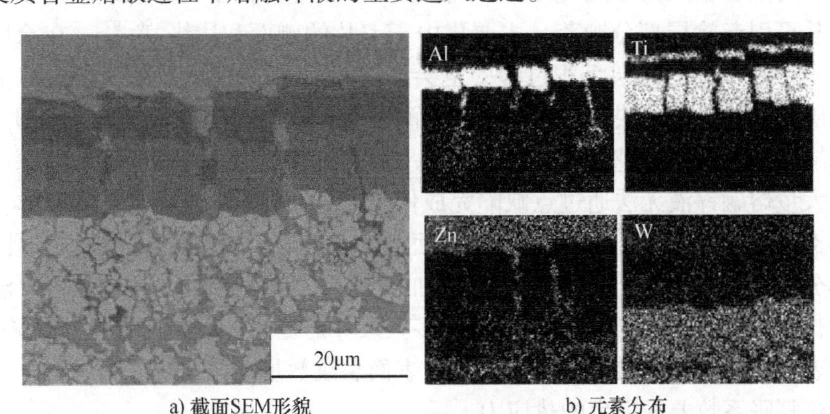

a) 截面SEM形貌　b) 元素分布

图 5-7　多涂层硬质合金刀片在熔散过程中的截面 SEM 形貌和元素分布

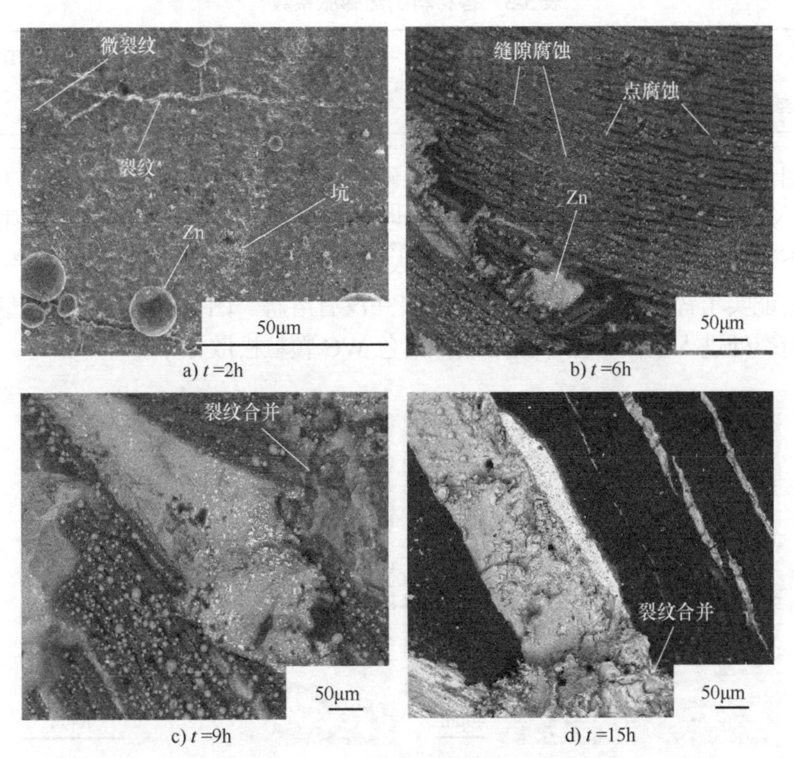

a) t=2h　b) t=6h

c) t=9h　d) t=15h

图 5-8　TiCN/Al_2O_3/TiN 多涂层硬质合金刀片 A 经锌熔法处理保温不同时间后的表面 SEM 形貌

这里所用原料都是在无数次切削后无法在数控领域再使用的涂层硬质合金刀片。在加工过程中，刀片与工件（主要是合金）反复机械碰撞，刀片表面因磨损产生缺陷。在金属或合金相互切削过程产生的热量会引起高温，因为不同材料的热膨胀系数不同（见表 5-3），从而产生应力集中，导致缺陷产生和扩展，甚至引起涂层部分脱落，主要集中于刀片的侧面和边缘[96，97]。在涂层硬质合金刀片生产的涂层沉积过程中也会产生缺陷[98]。这些缺陷为熔融锌液进入涂层和基体提供了快速通道。涂层的耐蚀性与涂层中的缺陷成反比，即涂层中的缺陷越多、尺寸越大，则涂层越容易被锌腐蚀。但是，因为点缺陷深度有限，大量熔融锌液无法通过点缺陷完成传输而是通过裂纹进入涂层和基体。从图 5-8 可以看出，保温 2h 后，刀片表面可以看到许多尺寸较小的裂纹和孔洞，大部分涂层保持完整；当保温时间增加到 6h，大部分涂层已开裂；当保温时间延长为 9h 和 15h，刀片表面存在许多大尺寸的缝隙，锌填充在这些缺陷中。结果表明，随着保温时间的延长，刀片表面裂纹数量增多、尺寸增大，主要原因是热膨胀系数差异产生的热应力。

表 5-3　各材料的热膨胀系数[99]

材料	TiN	Al_2O_3	TiCN	WC	Zn	TiAlN
热膨胀系数 /$10^{-6}K^{-1}$	9.35	9.00	7.80	4.30	30.20	7.50

图 5-9 所示为锌熔法回收废多涂层硬质合金刀片 A 保温 6h 后的断口 SEM 形貌。从图 5-9 可以看出，有许多涂层断裂，破碎的涂层在熔融锌液冲击力的作用下不再仅停留在原来的位置，但大部分涂层保持致密性，并没有变得松散，这证实了锌熔法回收过程中的涂层并没有溶解。图 5-9 中显示，大量锌从涂层断裂处进入基体，基体被熔散，白色 WC 颗粒松散分布。

图 5-9　锌熔法回收废多涂层硬质合金刀片 A 保温 6h 后的断口 SEM 形貌

为了更好地理解涂层在熔散过程中的进程，图 5-10 所示为多涂层硬质合金刀片 A 保温不同时间后的截面 SEM 形貌。由图 5-10 可见，锌主要分布在裂纹处，随着保温时间的延长，裂纹数量增多、尺寸随之增大，很多裂纹合并为缝隙，这是涂层被剥离的主要原因[100]，应力是裂纹产生和扩展的主要的原因[101]。在熔散初始阶段，熔融锌液主要通过点缺陷和微裂纹进入刀片，随着保温时间的延长，点缺陷和裂纹数量增多、尺寸变大，一些微裂纹汇聚成大裂纹。从图 5-10 可以看出，熔散初期，刀片裂纹小于 5μm，而在熔散过程末期，涂层的最大裂纹尺寸超过 230μm。裂纹的扩展将导致涂层的破裂，有些涂层从基体剥离下来，分布于 WC 颗粒间或锌富集处。在熔散过程末期，Co 完全被锌从合金中萃取出来，WC 颗粒松散地分布在锌中，断裂的涂层被撕裂成小块，并在熔融锌液冲击力的作用下偏离原来位置。结果表明，裂纹是锌进入基体的主要通道，大尺寸裂纹或缝隙的形成和扩展是涂层失效的主要原因[102]。

为了进一步确定涂层在熔散过程中的行为和机理，对保温 15h 后的截面中靠近涂层的区域进行 EDS 分析（见图 5-11）。结果显示，靠近涂层的富锌区域 *A* 处仅含质量分数小于 1% 的涂层元素 Al，证实了涂层并没有溶解和扩散。

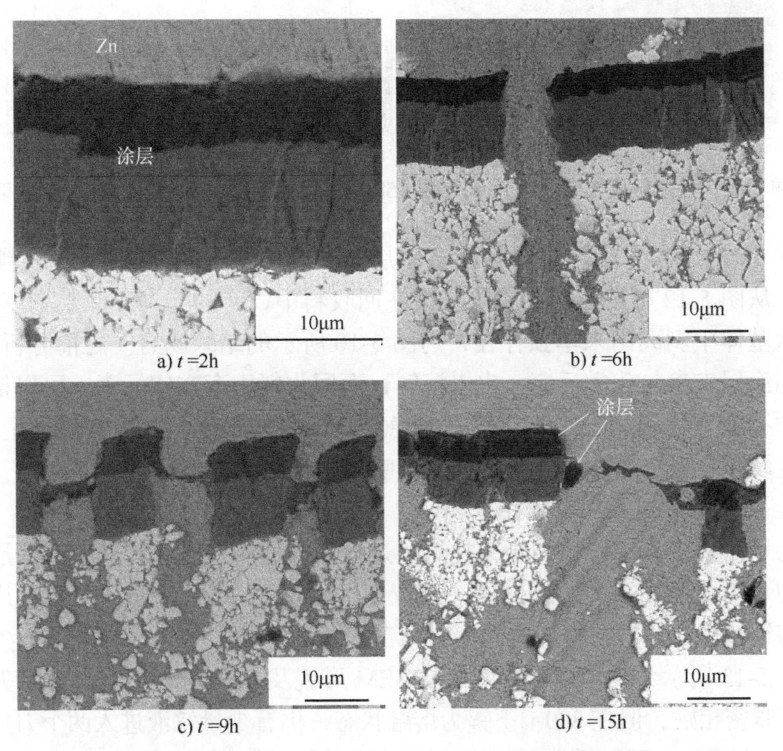

图 5-10　多涂层硬质合金刀片 A 保温不同时间后的截面 SEM 形貌

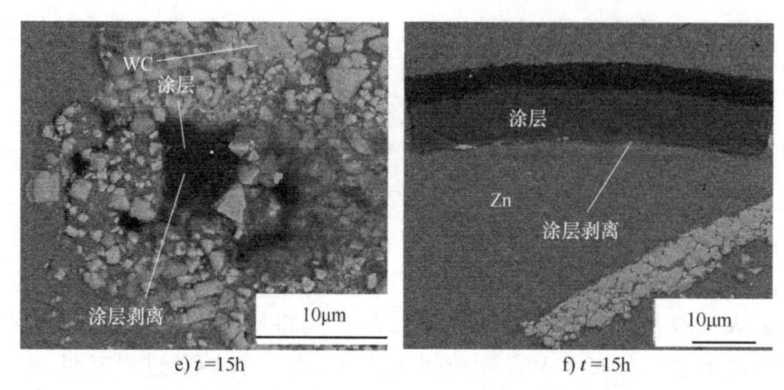

e) t=15h　　f) t=15h

图 5-10　多涂层硬质合金刀片 A 保温不同时间后的截面 SEM 形貌（续）

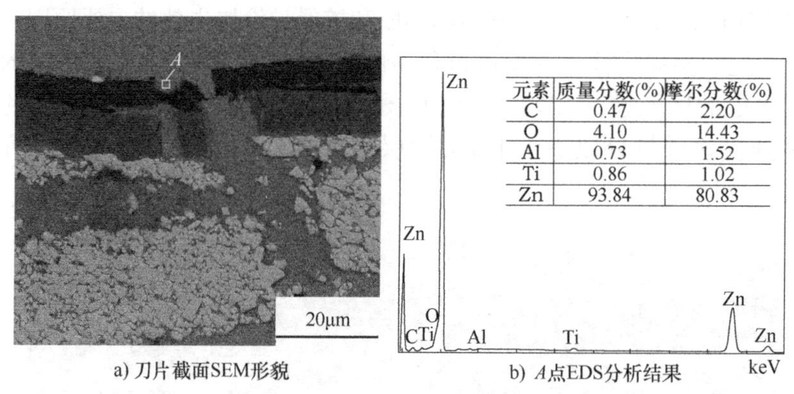

元素	质量分数(%)	摩尔分数(%)
C	0.47	2.20
O	4.10	14.43
Al	0.73	1.52
Ti	0.86	1.02
Zn	93.84	80.83

a) 刀片截面SEM形貌　　b) A点EDS分析结果

图 5-11　多涂层硬质合金刀片 A 保温 15h 后的截面 SEM 形貌及 EDS 分析结果

图 5-12 所示为锌熔法回收废多涂层硬质合金刀片 A 得到的回收料 SEM 形貌。从图 5-12 可以看出，涂层残留在回收料中，有的与 WC 颗粒紧密相连，有的从基体中剥离出来单独存在，与图 5-10 所示的结果吻合。之前分析显示，氧化铝涂层未参与化学反应，也未溶解，而回收料中存在铝元素，可以推测回收料中存在氧化铝涂层。氧化铝性能稳定，难以分解或与其他物质发生反应，在再生硬质合金中通常以杂质存在，影响再生产品性能。

2. 锌在熔散过程中的作用

为了研究多涂层硬质合金刀片熔散过程中的作用机理，将两个多涂层硬质合金刀片 B 紧贴在一起后用石墨棒穿入刀片中心孔并固定好，两个刀片中间面不与锌接触，研究与锌充分接触对熔散过程的影响。

图 5-13 所示为两个刀片中间面的 SEM 形貌及 EDS 分析结果。尽管刀片的两个面紧密相贴，但在 880℃下锌为熔融状态，仍有少量锌液进入两个刀片的中间面。从图 5-13a 可以看出，刀片面分为区别明显的三个区域，左侧白色区、中

间灰白区及右侧黑色区。图 5-13b 为白色区放大图。根据图 5-13c 中 *A* 处 EDS 分析结果，白色区主要含有锌及涂层元素铝和钛，未见基体主要元素 W。结果证实了是涂层阻碍了基体元素 W 往外扩散，延缓了熔散进程。从图 5-13 中还可以看到，白色区和中间灰白区分散着一些黑色的颗粒，*B*处的EDS分析结果（见图 5-13d）可以看出黑色块体主要含有铝元素和氧元素。原料刀片的基体中不含铝元素，因此铝元素只能来源于涂层。可以推测，黑色块体为剥离后的涂层。这些涂层容易残留在锌熔法回收料中，会对回收 WC 粉末产生影响。

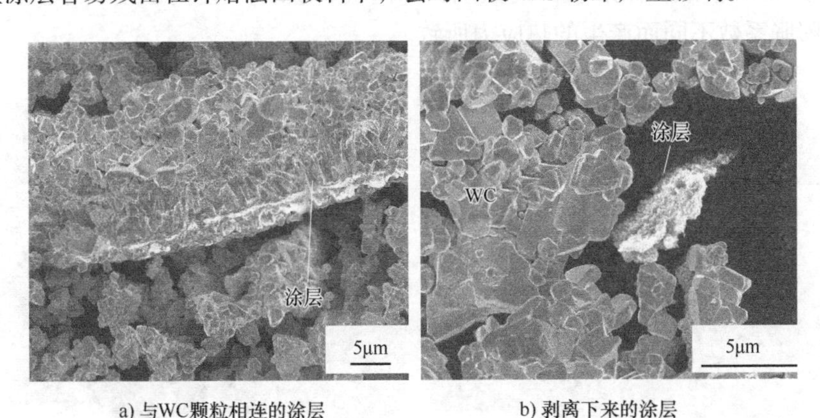

a) 与WC颗粒相连的涂层　　b) 剥离下来的涂层

图 5-12　锌熔法回收废多涂层硬质合金刀片 A 得到的回收料 SEM 形貌

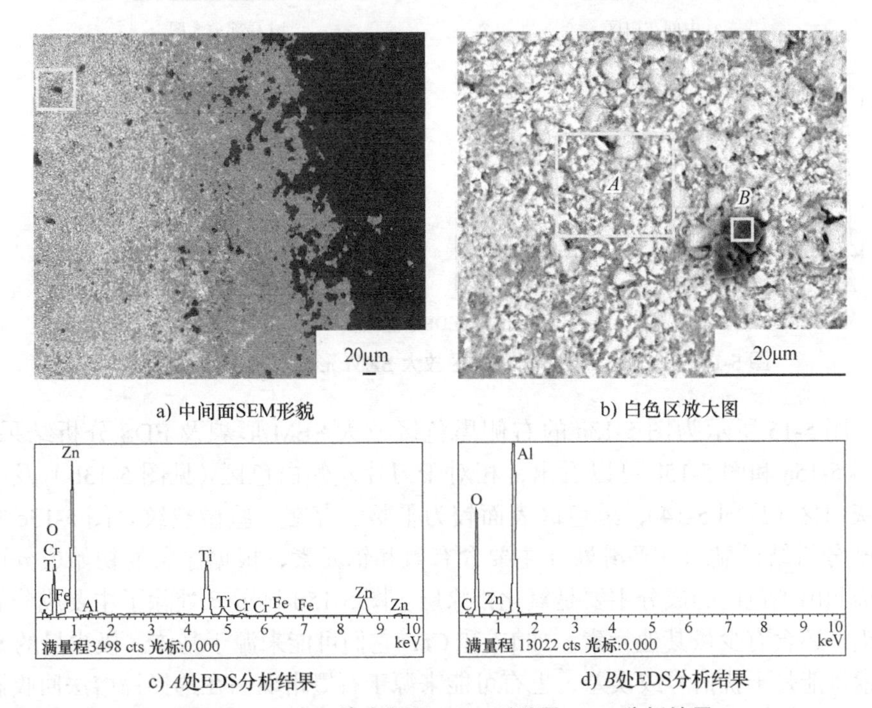

a) 中间面SEM形貌　　b) 白色区放大图

c) *A*处EDS分析结果　　d) *B*处EDS分析结果

图 5-13　两个刀片中间面 SEM 形貌及 EDS 分析结果

图 5-14 所示为图 5-13a 的中间灰白区放大 SEM 形貌及 EDS 分析结果。由图 5-14 可以看出，刀片表面不平整，存在凹坑和一些尺寸较小的裂纹，部分灰色涂层被剥离露出黑色面。根据图 5-14c 所示的 EDS 分析结果可以看出，灰白部分主要含有涂层元素 Ti 及 N，可以推测出该部分表面是最外层 TiN 涂层，该涂层厚度小，因此里层氧化铝涂层元素也被探测到。与图 5-13b 所示的结果一致，EDS 分析结果中未见基体中的 W 元素，进一步证实了是涂层阻碍了元素 W 的扩散。涂层表面的缺陷，如凹坑和裂纹，主要是由加热过程因材料热膨胀系数不同而产生的热应力所致。

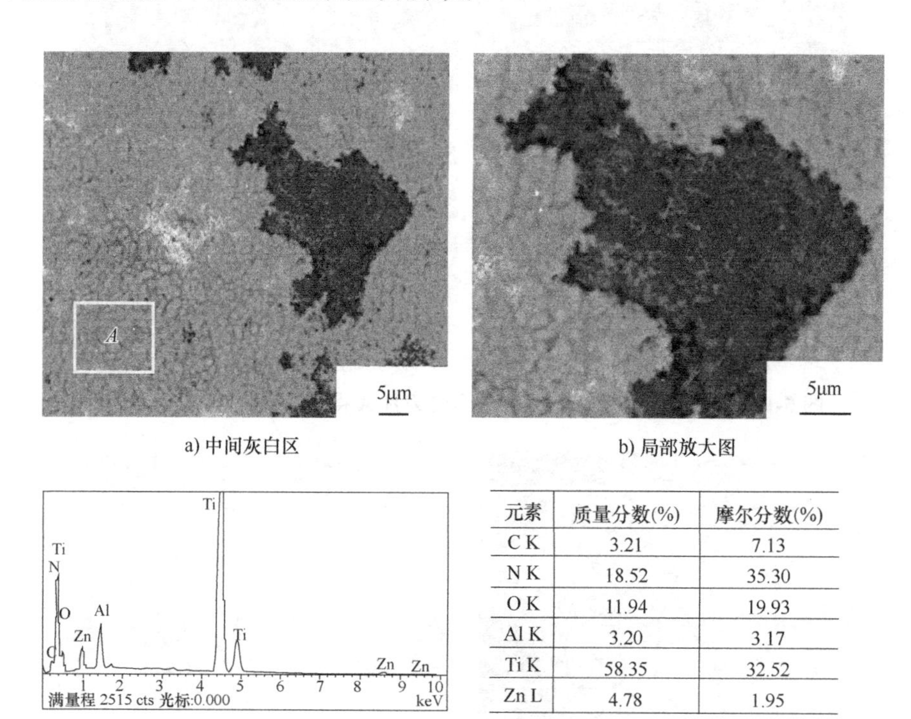

a) 中间灰白区

b) 局部放大图

元素	质量分数(%)	摩尔分数(%)
C K	3.21	7.13
N K	18.52	35.30
O K	11.94	19.93
Al K	3.20	3.17
Ti K	58.35	32.52
Zn L	4.78	1.95

c) *A*点EDS分析结果

图 5-14　图 5-13a 的中间灰白区放大 SEM 形貌及 EDS 分析结果

图 5-15 所示为图 5-13a 的右侧黑色区放大 SEM 形貌及 EDS 分析结果。由图 5-15a 和图 5-15b 可以看出，相对于刀片左侧白色区（见图 5-13b）及中间灰白区（见图 5-14），黑色区表面较为平整，存在一些微裂纹。图 5-15c 中 EDS 分析结果显示，平滑处 *A* 主要含有氧和铝元素，根据涂层的初始成分可以推测出黑色区的成分主要是氧化铝涂层。图 5-15d 显示 *B* 处除了主要成分氧和铝，还含有少量其他元素，如 Fe 和 Cr，它们可能来源于基体。极少量的 Si 元素可能是干扰信号或误差，也有可能来源于石墨坩埚。在选择锌熔法回收器

具时，应选用杂质少的高纯材质，尽量避免带入杂质。

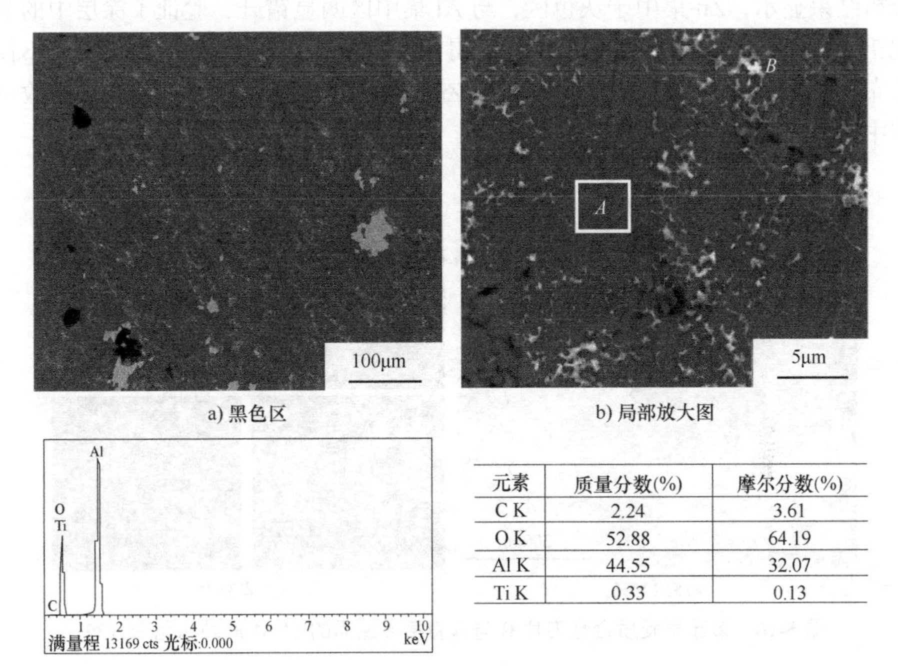

a) 黑色区　　b) 局部放大图

元素	质量分数(%)	摩尔分数(%)
C K	2.24	3.61
O K	52.88	64.19
Al K	44.55	32.07
Ti K	0.33	0.13

c) *A*点EDS分析结果

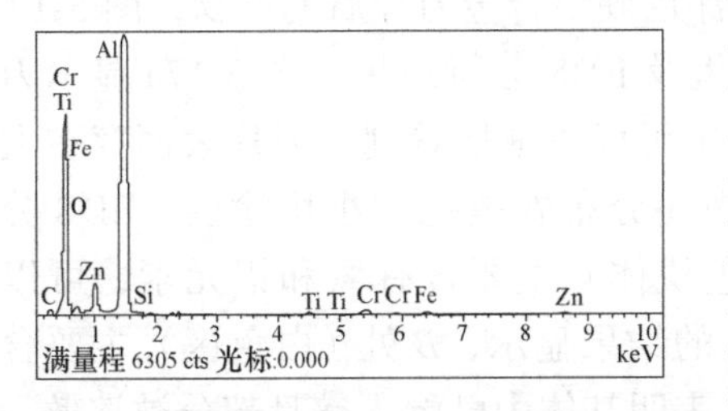

元素	质量分数(%)	摩尔分数(%)
C K	4.79	8.31
O K	43.83	57.07
Al K	39.19	30.26
Si K	0.18	0.14
Ti K	0.64	0.28
Cr K	2.06	0.82
Fe K	2.83	1.06
Zn L	6.47	2.06

d) *B*点EDS分析结果

图 5-15　图 5-13a 的右侧黑色区放大 SEM 形貌及 EDS 分析结果

综上分析，在锌熔法回收废多涂层硬质合金过程中，涂层阻碍元素扩散，基体中元素难以通过完整涂层到达到刀片表面，部分涂层因热应力而被剥离。

图 5-16 所示为多涂层硬质合金刀片 B 与锌直接接触面的 SEM 形貌和元素分布。图 5-16a 中三个颜色差异明显的区域，即白色区、灰色区及黑色区清晰可见。根据 EDS 分析结果，白色区主要集中分布着 W 元素，推测白色区为 W 元素从基体扩散到涂层表面，或者为基体；黑色区和黑色小块体处主要集中分布着 Al 元素，推测黑色区为被剥离涂层集中处。结果表明，涂层在熔散过

程中并没有扩散，仅有少量在熔融锌液冲击力的作用下偏离了原来位置。EDS分析结果显示，Zn集中于灰色区，与Al集中区明显错开，验证了涂层中的氧化铝并没有溶解或扩散到锌液中。值得注意的是，Co元素分布较均匀，不仅分布在基体元素W集中区，也分布在Zn集中处。结果证实了在锌熔法回收过程中Co与锌发生了反应。

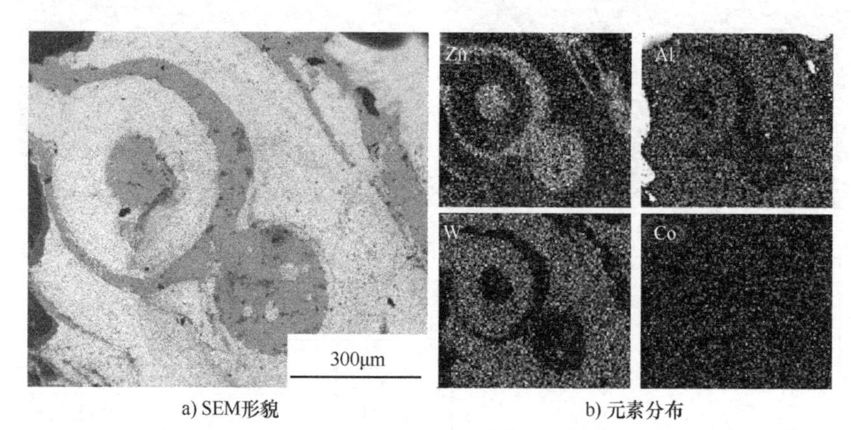

a) SEM形貌　　b) 元素分布

图5-16　多涂层硬质合金刀片B与锌直接接触面的SEM形貌和元素分布

为了进一步确定锌熔法回收废多涂层硬质合金刀片后的产物，图5-17所示为刀片与锌直接接触面的SEM形貌及EDS分析结果。图5-17a显示刀片表面存在许多片状物质。从图5-17b中可以清晰地看到，刀片表面存在大尺寸裂纹，锌沿着裂纹进入基体，其中还分布着黑色的小块涂层。EDS分析结果（见图5-17c）显示，*A*处（黑色块体）主要含有氧和铝元素，可以推测为被剥离的氧化铝涂层。图5-17d的结果显示，*B*处（白色区）主要含有W元素，各白色区已被灰色锌隔离，表明基体中已渗入锌且部分被熔散。图5-17e的结果显示，*C*处（灰色区）主要含有锌、钛和氮元素，可以推测为表面覆锌的TiN涂层。结果显示，充足的锌有利于加快熔散进程，证实了锌熔法回收废硬质合金的原理是锌将钴萃取出来，基体被熔散，涂层并未与锌发生化学反应。

为了进一步确认锌熔法回收多涂层硬质合金刀片的产物，对熔散过程中保温4h后的刀片断口进行XRD分析，结果如图5-18所示。从分析结果来看，刀片断口的物相有C、Co、WC和Zn。碳化钨和钴为基体的主要成分，碳主要来自用以固定刀片的石墨棒。结果表明，没有探测到新的物相，因此可以推断，刀片熔散过程中的主要成分仍为碳化钨和钴，锌熔法只是将基体中WC颗粒熔散以便于机械破碎。涂层相关物相因为量太少未被探测到。

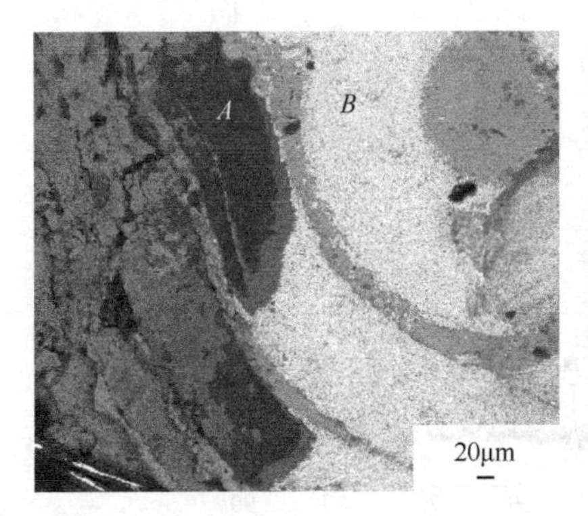

a) SEM形貌　　b) 局部放大图

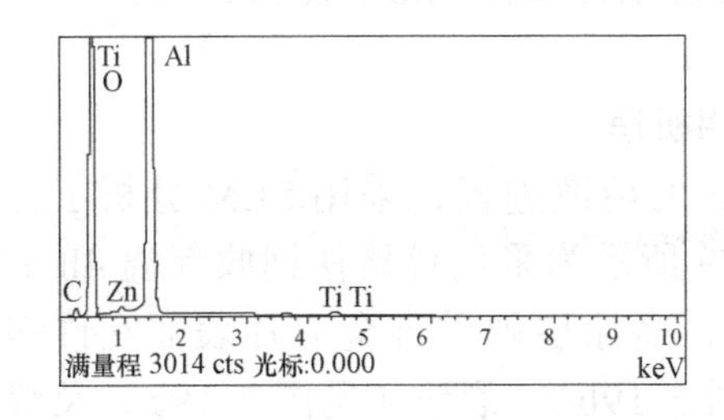

元素	质量分数(%)	摩尔分数(%)
C K	4.04	6.55
O K	49.89	60.74
Al K	44.61	32.20
Ti K	0.70	0.29
Zn L	0.77	0.23

c) *A*处EDS分析结果

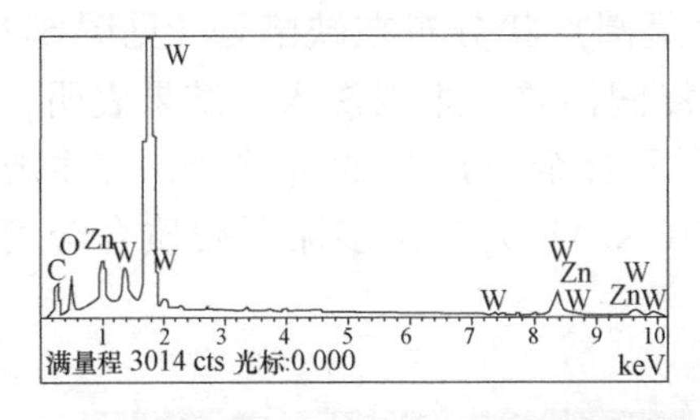

元素	质量分数(%)	摩尔分数(%)
C K	11.37	48.81
O K	8.08	26.04
Zn L	5.05	3.98
W M	75.49	21.16

d) *B*处EDS分析结果

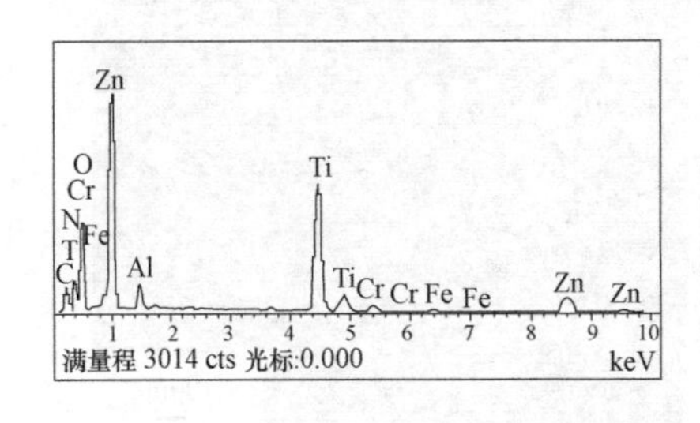

元素	质量分数(%)	摩尔分数(%)
C K	7.23	16.42
N K	4.37	8.50
O K	25.42	43.33
Al K	1.97	1.99
Ti K	26.56	15.12
Cr K	1.70	0.89
Fe K	0.98	0.48
Zn L	31.78	13.26

e) *C*处EDS分析结果

图 5-17　刀片与锌直接接触面的 SEM 形貌及 EDS 分析结果

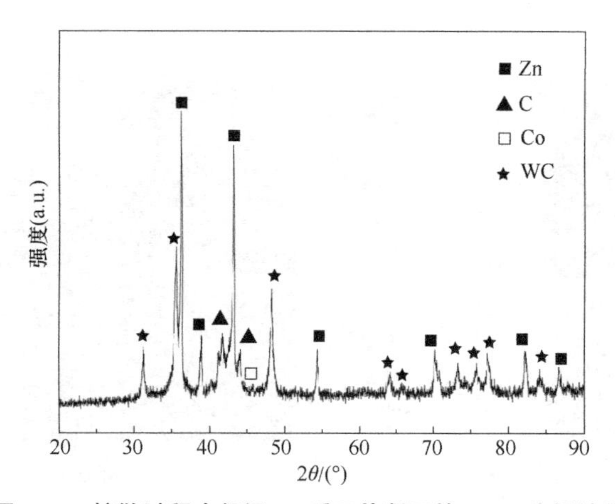

图 5-18　熔散过程中保温 4h 后刀片断口的 XRD 分析结果

3. 涂层在回收过程中的演变及作用机理

为了研究多涂层硬质合金刀片 B 的熔散进程，采用 SEM 分析了保温不同时间的刀片表面和截面。图 5-19 所示为采用锌熔法回收保温 4h 后刀片的表面 SEM 形貌。图 5-19a 显示，多涂层硬质合金刀片表面有许多裂纹和孔洞。锌主要分布在孔洞（见图 5-19b）、裂纹（见图 5-19c）及缝隙（见图 5-19d）等缺陷处。在熔散过程中，热应力引起缺陷产生，为熔融锌液进入基体提供快速通道。有些锌呈圆点状分布在缺陷处（见图 5-19e 和图 5-19f），主要原因是锌与涂层的浸润性差，难以渗入。结果表明，在锌熔法回收 TiCN/Al_2O_3/TiN 多涂层硬质合金刀片 B 的过程中，锌主要通过缺陷进入基体。与锌熔法回收废 TiCN/Al_2O_3/TiN 多涂层硬质合金刀片 A 的结果一致。

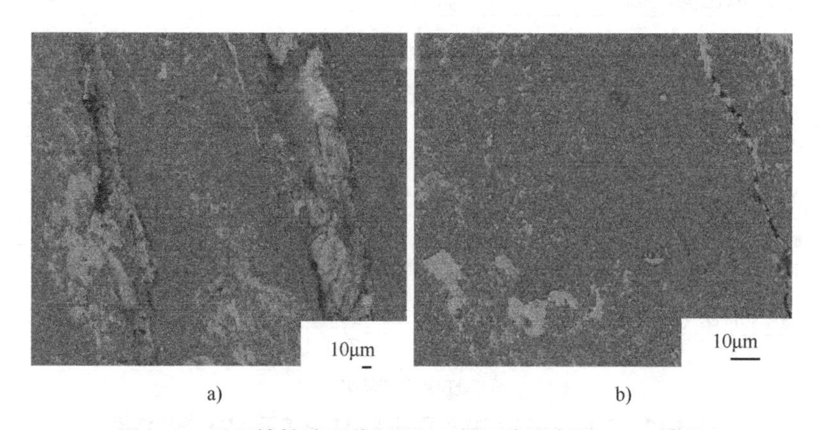

a)　b)

图 5-19　采用锌熔法回收保温 4h 后刀片的表面 SEM 形貌

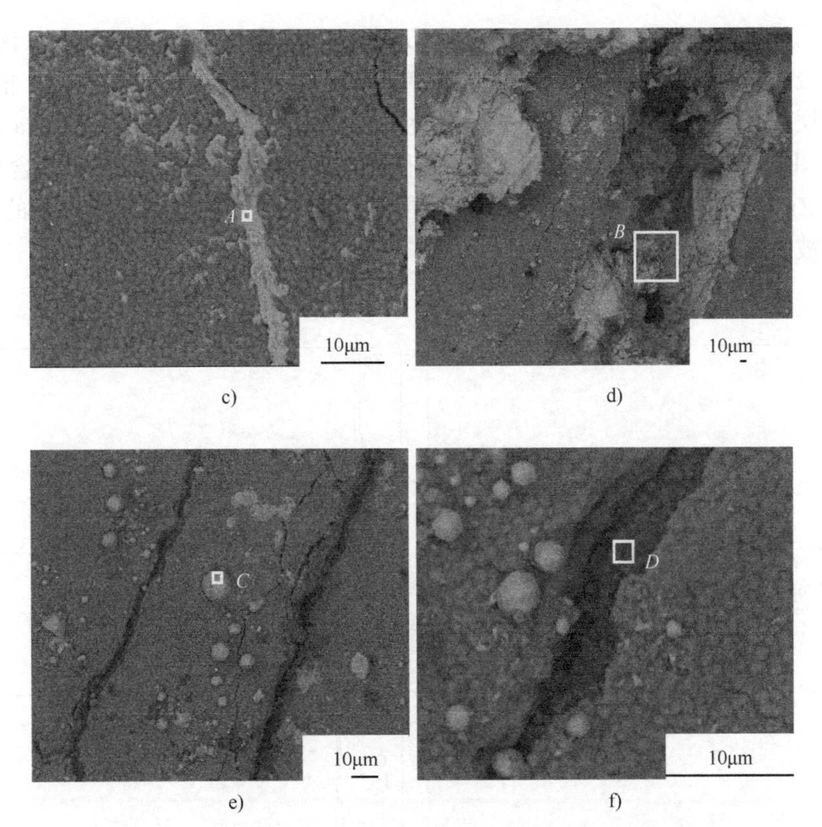

c)　d)

e)　f)

图 5-19　采用锌熔法回收保温 4h 后刀片的表面 SEM 形貌（续）

图 5-20 所示为图 5-19 中标记的各点的 EDS 分析结果。由裂纹处 *A* 点（见图 5-20a）和凹坑上 *C* 点（见图 5-20c）元素分布可以看出，存在于缺陷处（裂纹或孔洞）的锌中都含有 Cr 元素，可能是相对于其他基体元素，Cr 扩散较快。缝隙中间 *B* 点元素分布（见图 5-20b）显示该处为锌和钴的混合物，未发现基体元素，证实了锌熔法回收废硬质合金的主要原理是锌将钴萃取出来，导致刀片被熔散。*D* 点为大缝隙中间露出来的部分，该点元素分析结果显示（见图 5-20d）主要元素为氧和铝，可以推测这是外层 TiN 涂层开裂后露出的中间层氧化铝涂层，主要原因是高温加热过程中因各材料热膨胀系数不同而产生的热应力。

图 5-21 所示为保温不同时间后的刀片截面 SEM 形貌，图 5-22 所示为图 5-21 中各点的 EDS 分析结果。其中，图 5-21a 和图 5-21b 所示为保温 4h 后的刀片截面 SEM 形貌。从图 5-21a 和图 5-21b 中可以看出，此时涂层较致密但存在一些尺寸较小的裂纹。根据图 5-22a 所示的 EDS 分析结果可知，挨着

基体的最里层主要含有 Ti、N、O 和 C 元素，可见最里层主要为原 TiCN 涂层。图 5-22b 的结果显示，中间层主要含有氧和铝元素，根据 Kuang 等人[103]报道，中间层氧化铝成分被保留，并未参加化学反应。图 5-21b 所示为图 5-21a 表面放大图，元素分析结果（见图 5-22c 和图 5-22d）显示，最外涂层除了含有覆盖的 Zn，还含有 Ti、C 和 O 元素，可能是少量氧进入坩埚导致极少量的 TiN 涂层被氧化。

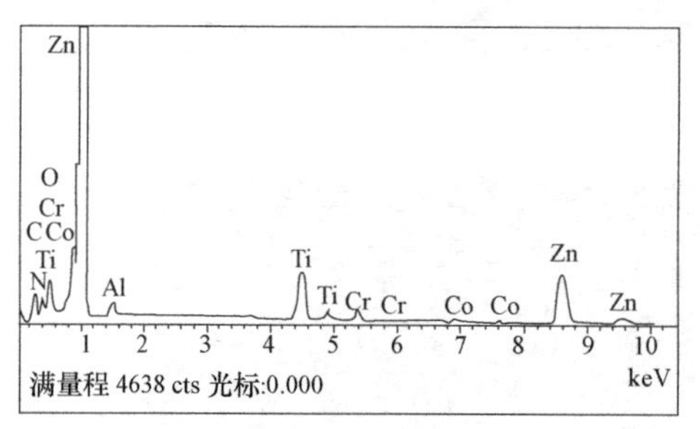

a) A点EDS分析结果

b) B点EDS分析结果

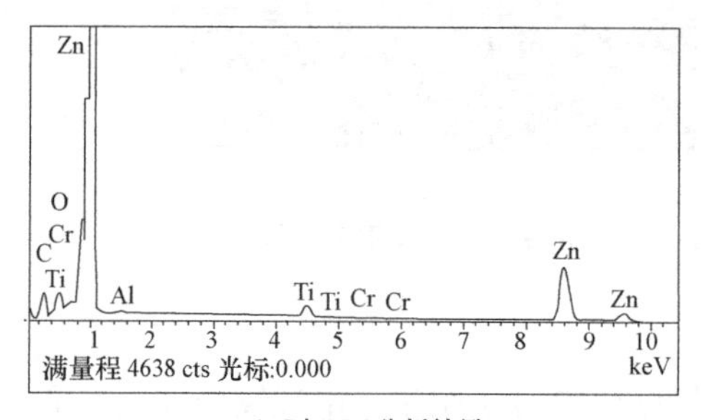

c) C点EDS分析结果

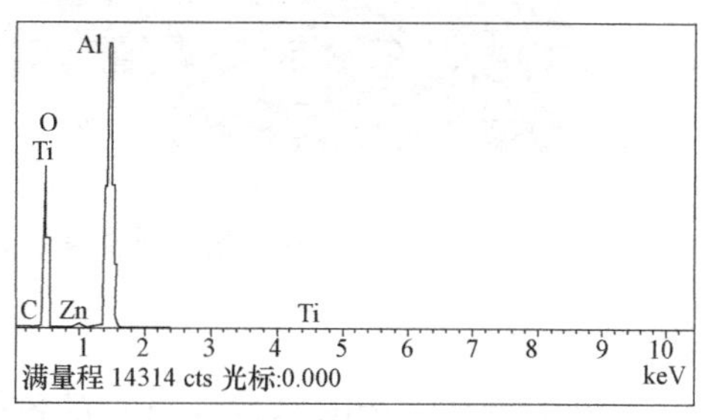

d) D点EDS分析结果

元素	质量分数(%)			
	*A*点	*B*点	*C*点	*D*点
C K	9.92	8.34	10.92	2.19
N K	4.30	—	—	—
O K	5.44	1.45	2.99	53.59
Al K	1.08	—	0.25	41.87
Ti K	7.28	—	1.31	0.82
Cr K	2.35	—	0.41	—
Co K	1.06	3.84	—	—
Zn L	68.56	86.37	84.12	1.54

图 5-20　图 5-19 中各点的 EDS 分析结果

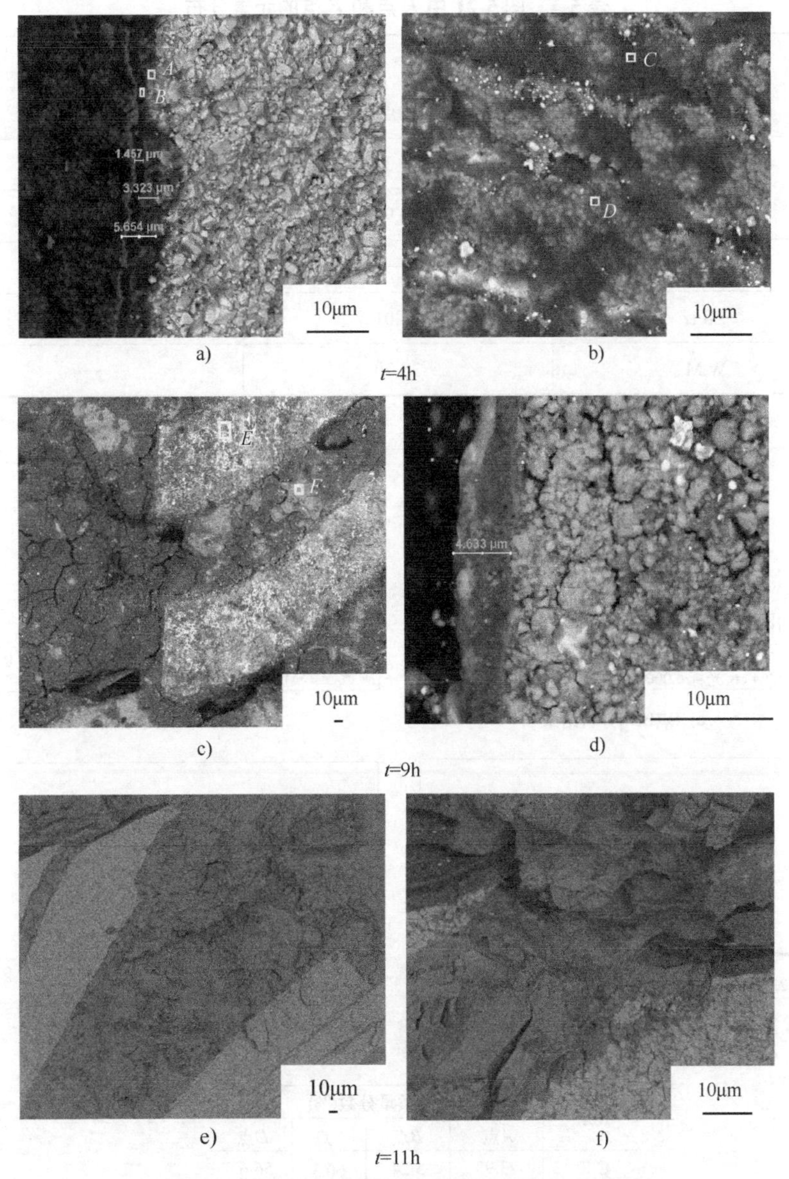

a)　b)

t=4h

c)　d)

t=9h

e)　f)

t=11h

图 5-21　保温不同时间后的刀片截面 SEM 形貌

图 5-21c 和图 5-21d 所示为保温 9h 后的刀片截面 SEM 形貌，图中显示基体中存在很大的缝隙。与保温 4h 的样品（见图 5-21a）对比可知，随着保温时间的延长，缺陷的尺寸增大，小裂纹扩展为缝隙。元素分析结果（见表 5-4）显示，缝隙中的主要元素为锌和钴，锌通过这些缝隙进入基体。

表 5-4　图 5-21 中 *E* 点和 *F* 点的元素分布

元素	质量分数（%）	
	***E*点**	***F*点**
C K	21.31	10.92
O K	20.98	6.57
Co K	—	4.96
Zn L	24.01	77.55
W M	33.70	—

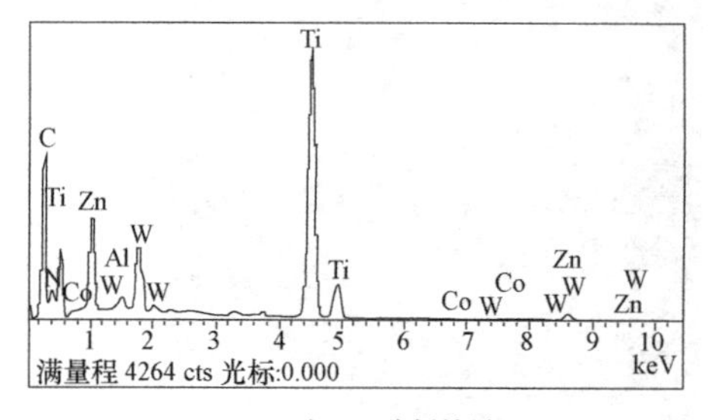

a) *A*点EDS分析结果

b) *B*点EDS分析结果

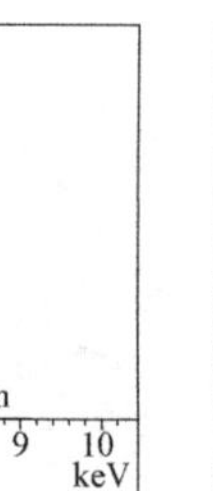

c) *C*点EDS分析结果

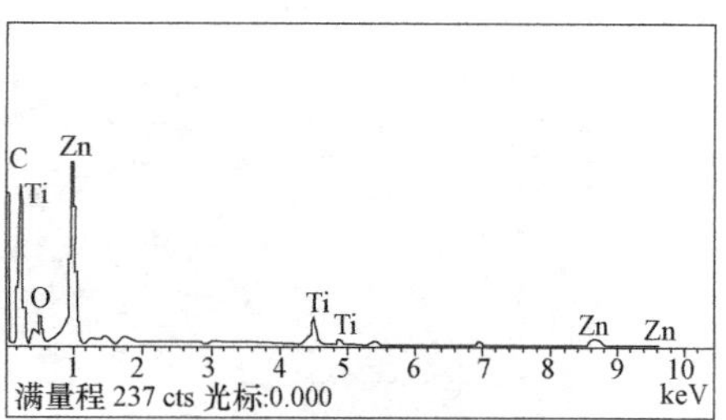

d) *D*点EDS分析结果

元素	质量分数(%)			
	*A*点	*B*点	*C*点	*D*点
C K	23.93	5.24	60.3	56.62
N K	2.55	0.57	—	—
O K	17.77	51.42	9.91	8.42
Al K	0.50	34.1	—	—
Ti K	36.54	3.84	2.08	5.79
Co K	0.55	—	—	—
Zn L	9.78	2.49	27.7	29.17
W M	8.38	3.49	—	—

图 5-22　图 5-21 中各点的 EDS 分析结果

从图 5-21d 中可以清晰地看到，此时的涂层多孔且蓬松，厚度明显增加，即涂层发生了膨胀。图 5-23 所示为图 5-21d 的元素分析结果，显示膨胀涂层处 Ti 含量较高，其他主要元素为氧。可以推测，外层的氮化钛和氧化铝已被剥离，最里层的 TiCN 被氧化成疏松多孔的氧化钛。这部分样品可能靠近坩埚口，有微量的氧气进入。尽管采用盖严的石墨坩埚作为容器，仍有少量氧渗入，氧还会引起锌被氧化，影响重复利用率。因此，在实际生产过程中，锌熔法需要在密封的设备中进行。图 5-21e 和图 5-21f 所示为锌熔法处理保温 11h 后的截面 SEM 形貌，由图中可知，经过长时间熔散后，刀片的缝隙尺寸更大，部分涂层断裂，基体被熔散。

经过分析，在锌熔法回收 $TiCN/Al_2O_3/TiN$ 多涂层 WC-Co 硬质合金刀片 A 及刀片 B 的过程中，两种刀片的行为类似，与涂层厚度关系不大，即涂层隔离了锌和基体，延缓了刀片的熔散进程。熔融锌液难以贯穿完整涂层进入基体，一般是通过缺陷，如凹坑、裂纹和缝隙进入，这些缺陷产生和扩展的主要原因是热应力，溶解、扩散和化学反应不是涂层失效的主要原因，而是热应力导致了涂层剥离或破裂。

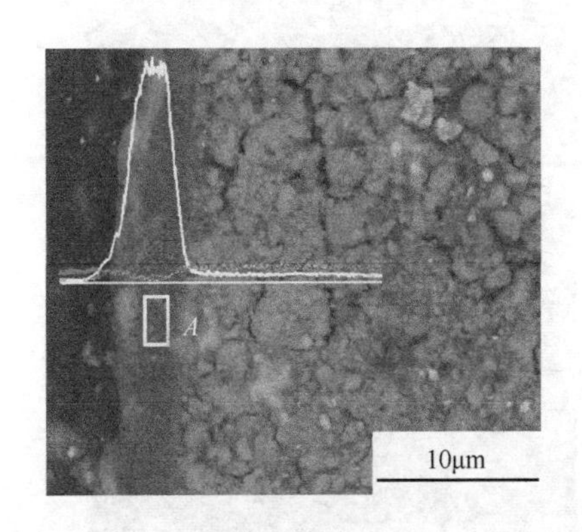

a) 刀片截面SEM形貌

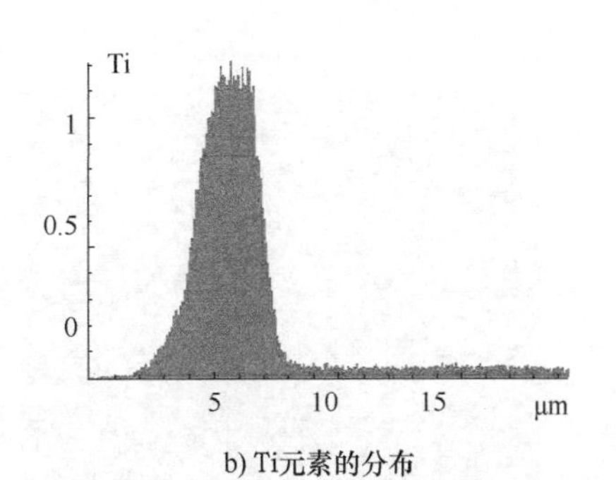

b) Ti元素的分布

元素	质量分数(%)	摩尔分数(%)
C K	9.18	21.25
O K	26.92	46.74
Al K	0.26	0.27
Ti K	46.13	26.76
Zn L	8.52	3.62
W M	8.98	1.36

c) A点EDS分析结果

图 5-23　图 5-21d 的元素分析结果

4. 涂层对回收 WC 粉末影响

图 5-24 所示为锌熔法回收 TiCN/Al_2O_3/TiN 多涂层硬质合金刀片 A 所得回收料及完全熔散后的基体。图 5-24a 所示为回收 WC 粉末宏观形貌；图 5-24b~图 5-24d 所示为多涂层硬质合金刀片 A 保温 15h 后的基体截面 SEM 形貌，图中显示基体已完全熔散，WC 颗粒分散于锌中，涂层已被破坏，刀片的基体变得松散多孔，可以很容易被机械破碎[104]。因此，尽管致密的涂层延缓了熔散进程，锌熔法回收废涂层硬质合金制备 WC 粉末还是可行的。图 5-24b 和图 5-24d 显示，熔散后的颗粒间存在很多杂质。图 5-24e 和图 5-24f 分别为图 5-24c 和图 5-24d 中 *A* 和 *B* 的 EDS 分析结果，元素分布显示，这两处都含有涂层元素铝和钛，即熔散后的 WC 颗粒间含有铝和钛，容易残留在回收 WC 粉末中。

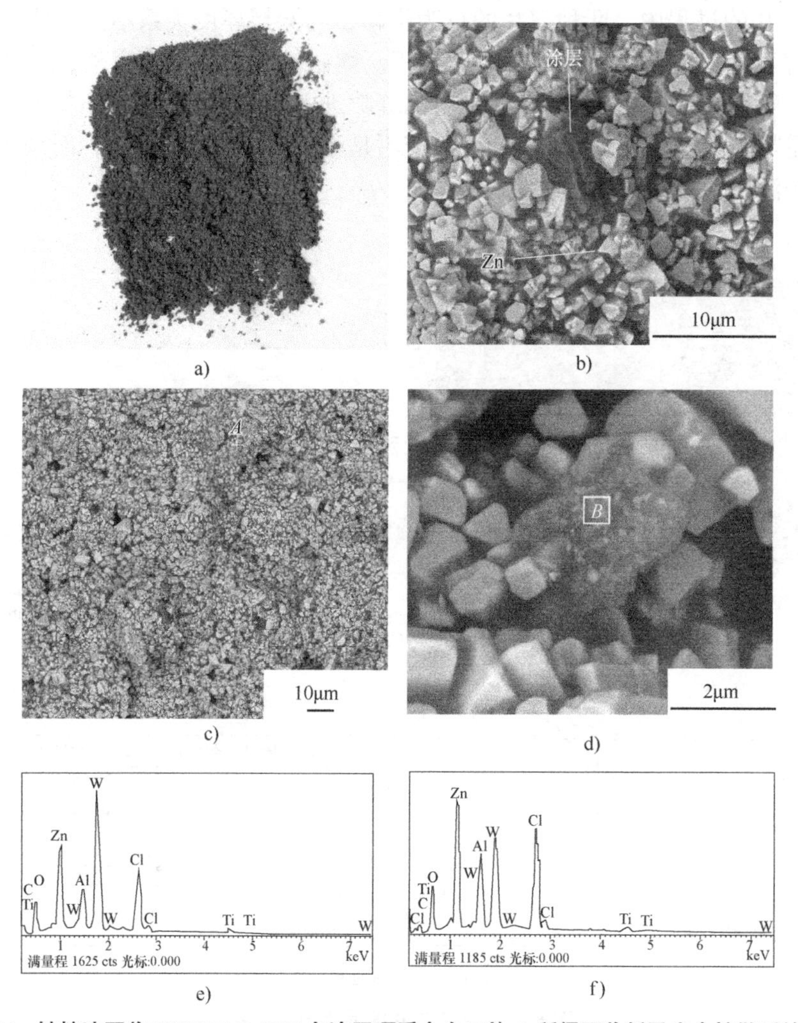

图 5-24 锌熔法回收 TiCN/Al_2O_3/TiN 多涂层硬质合金刀片 A 所得回收料及完全熔散后的基体

图 5-25 所示为锌熔法回收硬质合金所得的回收料。图 5-25a 和图 5-25b 所示的回收料分别为多涂层硬质合金刀片 A 和相应的去涂层后的硬质合金。结果显示，图 5-25b 中未见块状涂层，其 EDS 分析结果（见图 5-25d）中也未发现涂层元素 Al。然而，锌熔法回收多涂层硬质合金得到的回收料中可以明显地看到涂层存在于 WC 颗粒间（见图 5-25a）。在图 5-25c 所示的 *A* 点 EDS 分析结果中可以看到 Al 元素。ICP 结果显示，回收料中 Al 含量为 78mg/kg，证实了铝元素残留于回收的 WC 粉末中。图 5-25e 所示为锌熔法回收料的 XRD 分析结果，显示锌熔法回收多涂层和去涂层硬质合金所得回收料中都仅含 WC 相，并未发现与 Al 相关的物相，可能原因是含量太低或信号太弱，无法探测到。

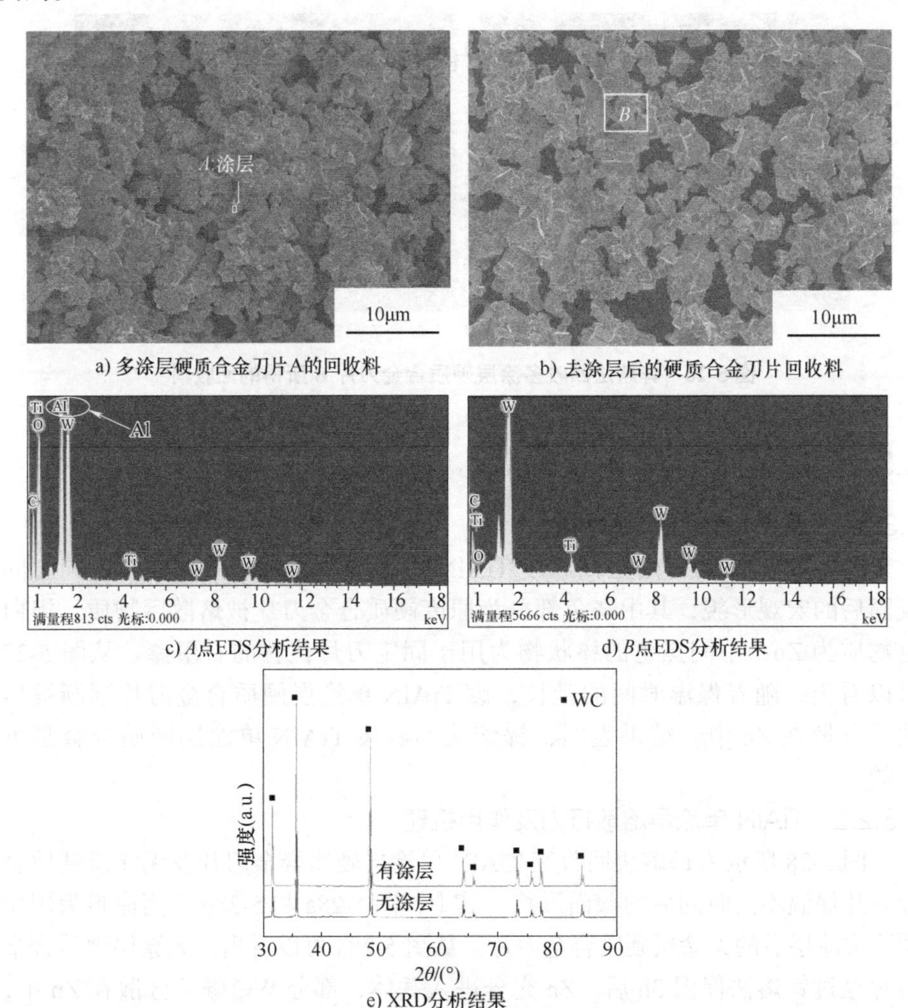

图 5-25　锌熔法回收硬质合金所得的回收料

图 5-26 所示为锌熔法回收多涂层硬质合金刀片 B 所得的回收料。图 5-26 显示涂层在回收料中清晰可见，这与之前分析的涂层在熔散过程中的进程吻合，即涂层在热应力的作用下断裂或剥离，容易残留在回收料中。该结果也与锌熔法回收多涂层硬质合金刀片 A 得到的回收料一致。结果表明，$TiCN/Al_2O_3/TiN$ 涂层残留在回收料，即回收 WC 粉末中，与原材料中的涂层厚度关系不大。在这里，锌熔法回收 WC 粉末的制备是用稀盐酸溶液将完成熔散后的样品溶解，再经清洗、分离、干燥等工序后得到的。一般锌熔法工序是熔散后再通过蒸锌得到 WC-Co 复合粉末，理论上保留了原来的钴含量。

a) 表面　　b) 裁面

图 5-26　锌熔法回收多涂层硬质合金刀片 B 所得的回收料

5.3.2　TiAlN 单涂层

5.3.2.1　工艺参数的影响规律

图 5-27 所示为锌熔法回收废 TiAlN 单涂层硬质合金刀片保温不同时间凝固后的宏观形貌，其中灰色部分为原废硬质合金刀片被熔散后物质，银白色物质为 Zn，中间黑色的棒状物为用于固定刀片位置的石墨棒。从图 5-27 可以看出，随着保温时间的延长，废 TiAlN 单涂层硬质合金刀片逐渐被熔散，分散在 Zn 中。结果表明，锌熔法回收废 TiAlN 单涂层硬质合金是可行的。

5.3.2.2　TiAlN 单涂层熔散行为及作用机理

图 5-28 所示为锌熔法回收废 TiAlN 单涂层硬质合金刀片及无涂层硬质合金刀片保温不同时间后的截面形貌。其中，图 5-28a 和 5-28b 所用原料为用化学法去涂层后的无涂层硬质合金刀片。从图 5-28a 可以看出，无涂层硬质合金刀片经过锌熔法保温 3h 后，Zn 充分进入基体，部分 WC 颗粒分散在 Zn 中，仅有少量 WC 颗粒聚在一块，没有完全分散开来。如图 5-28b 所示，经过保温

6h 后，WC 颗粒完全分散在 Zn 中，基本完成了熔散过程。按照正常的锌熔法工序，该完全熔散后的样品经过蒸锌工序后得到疏松的 WC 骨架，再经机械破碎，即可得到再生 WC 粉末。

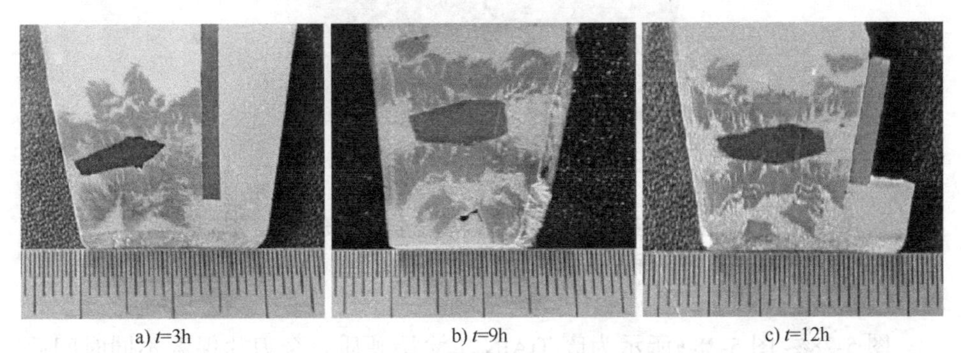

a) t=3h　　b) t=9h　　c) t=12h

图 5-27　锌熔法回收废 TiAlN 单涂层硬质合金刀片保温不同时间凝固后的宏观形貌

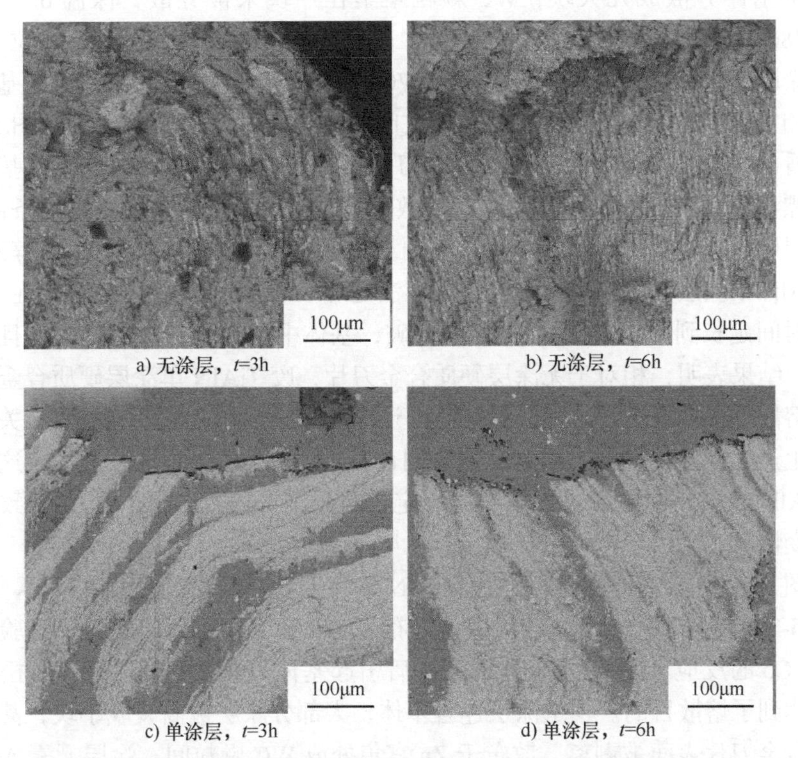

a) 无涂层，t=3h　　b) 无涂层，t=6h

c) 单涂层，t=3h　　d) 单涂层，t=6h

图 5-28　锌熔法回收废 TiAlN 单涂层硬质合金刀片及无涂层硬质合金刀片保温不同时间后的截面形貌

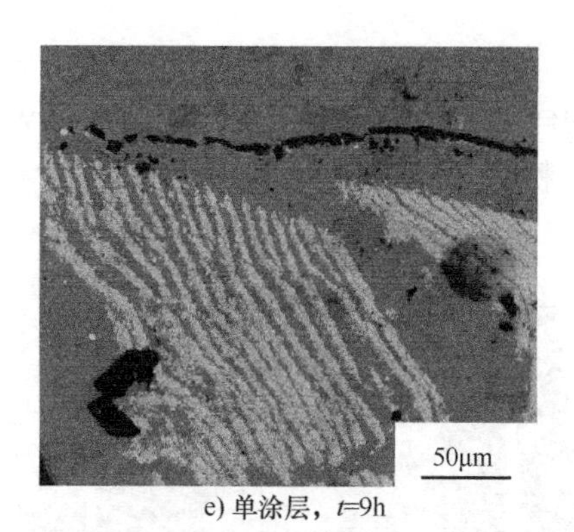

e) 单涂层，t=9h

图 5-28　锌熔法回收废 TiAlN 单涂层硬质合金刀片及无涂层硬质合金刀片保温不同时间后的截面形貌（续）

图 5-28c~ 图 5-28e 所示为废 TiAlN 单涂层硬质合金刀片保温不同时间后的截面形貌。废单涂层硬质合金刀片保温 3h 后（见图 5-28c），少量 TiAlN 单涂层被剥离散落在 Zn 中，大部分涂层紧密地连接着基体；Zn 集中在缝隙间，把基体分散成几大块；WC 颗粒聚集在一块未被分散。保温 6h 后（见图 5-28d），大部分涂层从基体上剥落，散布在基体附近锌中或 WC 颗粒之间，少量涂层还连着基体。在锌熔法回收 WC-Co 硬质合金过程中，Zn 进入基体与黏结相 Co 发生反应，导致 WC 颗粒之间因黏结相缺失而被熔散。由图 5-28e 可以看出，废 TiAlN 单涂层硬质合金刀片经过 9h 保温后，涂层完全从基体剥离并漂移到锌液中，白色 WC 颗粒松散分布。结果显示，在锌充足的条件下，无涂层硬质合金刀片在 880℃下保温 6h 后白色 WC 颗粒被充分熔散于锌液中，而 TiAlN 单涂层硬质合金刀片经过锌熔法处理 6h 后很多 WC 颗粒还聚在一块，保温时间延长到 9h 后，涂层被完全突破，基体中 WC 颗粒被完全熔散且疏松分布。结果表明，相对于无涂层硬质合金刀片，废 TiAlN 单涂层硬质合金刀片完成熔散过程需要更长时间，具体时间还与刀片的数量、通入气流等相关，需根据生产实际条件确定。研究结果表明，TiAlN 涂层延缓了熔散进程。这是由于 TiAlN 涂层致密度高、化学性质稳定，阻碍了 Zn 进入基体[105]，导致熔散进程变慢。

图 5-29 所示为锌熔法回收废 TiAlN 单涂层硬质合金过程中的元素分布。从图 5-29 中可以看出，Co 较均匀地分布于 WC 富集区和锌富集区，这验证了 Zn 与 Co 的反应。同时，Zn 进入基体后引起基体发生膨胀，WC 颗粒松散分布，达到了熔散目的。少量涂层连着基体，大部分涂层被撕裂成小块，甚至从硬质合金刀片表面被剥离，散布于 Zn 富集处或 WC 颗粒间，涂层元素 Al、Ti 的分布与截面形貌中涂层位置完全一致。结果表明，经过长时间保温后，锌

充分进入基体，碳化钨颗粒被熔散，涂层仍然保持片状。因此，在锌熔法回收废 TiAlN 单涂层硬质合金过程中，溶解和扩散并不是涂层被突破的主要作用机理。图中显示，锌主要集中在涂层和基体的裂纹处，可见 Zn 主要通过裂纹或缝隙进入基体。在锌熔法回收废 TiAlN 单涂层硬质合金过程中，因锌与 TiAlN 涂层浸润性较差，熔融锌液难以通过完整的 TiAlN 涂层进入基体。回收初期，废刀片表面存在的缺陷是熔融锌液进入刀片的突破口，这些缺陷来源于多方面：首先，是在制备涂层硬质合金刀片涂层沉积过程中产生的，由于各涂层之间以及涂层与基体材料之间存在晶格失配，沉积过程容易产生缺陷；其次，涂层硬质合金刀片在使用过程中与工件之间发生机械碰撞，导致缺陷产生；最后，因为涂层、基体材料之间的热膨胀系数相差较大[22]，在锌熔法回收过程中有应力产生，导致大量缺陷产生。在回收中期，热应力引起更多的缺陷，特别是裂纹的产生，同时这些缺陷周边应力集中分布，引起裂纹扩展，导致缺陷的数量增多和尺寸增大，以致部分涂层断裂，甚至引起涂层的剥离和失效[93]，裂纹成为 Zn 突破涂层进入基体的主要通道。同时，熔融锌液对涂层的拉伸力也是引起裂纹扩展或破裂原因。随着保温时间的延长，Zn 通过裂纹进入基体并与 Co 充分反应，基体被熔散，WC 颗粒松散分布，部分被剥离的小块涂层漂移到 Zn 液或 WC 颗粒之间。

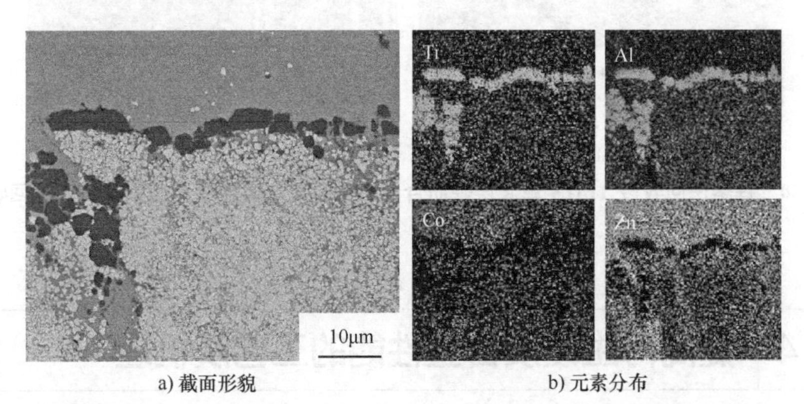

a) 截面形貌　　b) 元素分布

图 5-29　锌熔法回收废 TiAlN 单涂层硬质合金过程中的元素分布

图 5-30 所示为锌熔法回收废 TiAlN 单涂层硬质合金刀片及无涂层硬质合金刀片得到的回收料。图 5-30a 所用原料为采用化学法去除 TiAlN 涂层后的硬质合金，得到的回收料，即回收 WC 粉末中未见明显杂质，而以废 TiAlN 单涂层硬质合金刀片为原料得到的回收料中涂层块清晰可见，或连着 WC 颗粒（见图 5-30b）或以片状单独存在（见图 5-30c），证实了化学反应、溶解和扩散不是涂层在熔散过程中的主要作用机理。图 5-30d 所示为图 5-30c 中黑色块体

A 处的 EDS 分析结果，可以发现涂层元素 Al，结果表明，涂层元素 Al 残留在回收 WC 粉末中，将影响再生硬质合金的性能。锌熔法回收 WC 粉末的质量有待改善，杂质的去除和利用需要进一步深入研究。

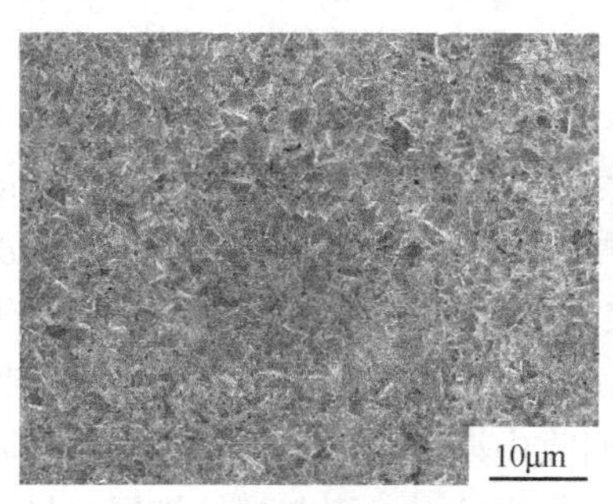

a) 去涂层后的硬质合金刀片回收料

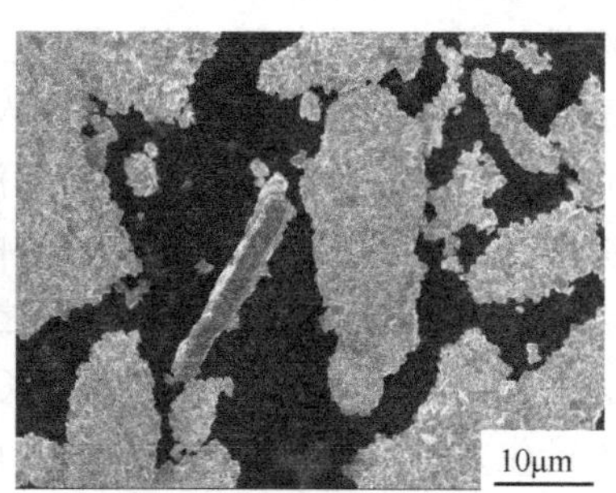

b) 废单涂层硬质合金刀片回收料中与WC颗粒相连的涂层

c) 废单涂层硬质合金刀片回收料中的片状涂层

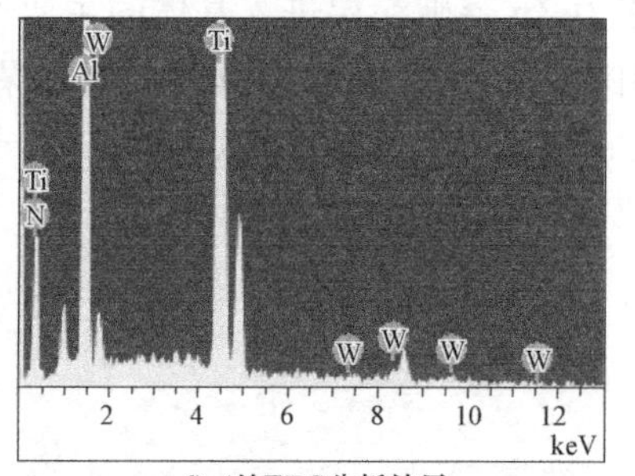

d) *A*处EDS分析结果

图 5-30　锌熔法回收废 TiAlN 单涂层硬质合金刀片及无涂层硬质合金刀片得到的回收料

5.4　提高再生硬质合金性能的工艺及机理

5.4.1　超声清洗回收料中的杂质

锌熔法回收料中含有杂质，主要包含残留的 Zn、来源于石墨的 C 和 Si、来源于空气中的 O 等[38, 106]。根据以上分析，锌熔法回收涂层硬质合金刀片所得 WC 粉末中还含有涂层。图 5-31 所示为锌熔法回收废 TiCN/Al_2O_3/TiN 多涂层硬质合金刀片 A 得到的回收料，除了分散的 WC 颗粒，还可以看到各种块状的杂质。

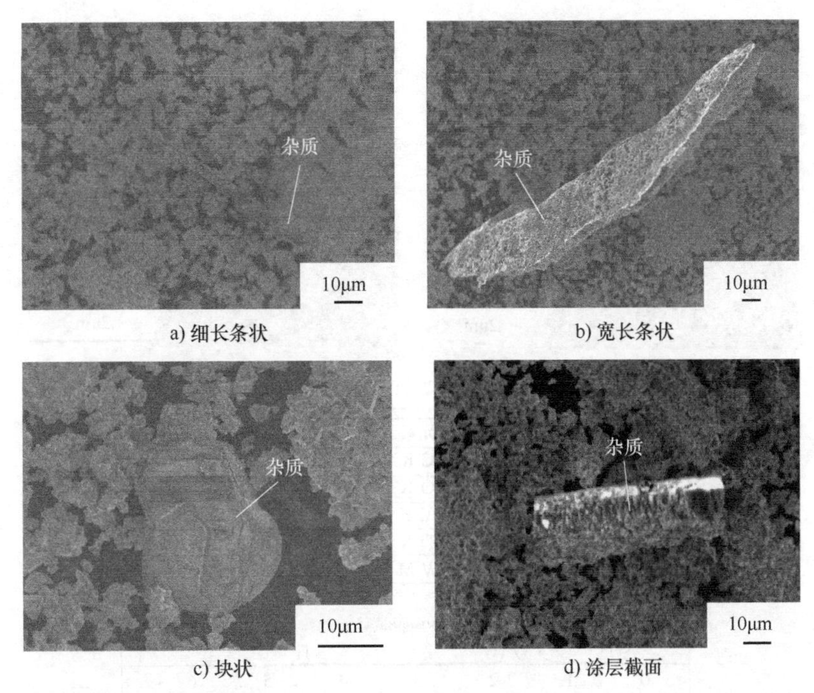

图 5-31　锌熔法回收废 $TiCN/Al_2O_3/TiN$ 多涂层硬质合金刀片 A 得到的回收料

5.4.1.1　杂质对锌熔法再生硬质合金性能的影响

以锌熔法回收废 $TiCN/Al_2O_3/TiN$ 多涂层 WC-Co 硬质合金刀片 A 得到的再生 WC 粉末为原料，添加占总质量 6% 的钴粉制备成再生 YG6 硬质合金。为了研究氧化铝涂层对再生硬质合金性能的影响，球磨前添加质量分数为 0.1% 的氧化铝，与锌熔法回收的 WC 粉末及钴粉混合后制备成含铝的再生硬质合金 YG6-Al0.1%。图 5-32 所示为锌熔法再生 YG6 硬质合金断口的 SEM 形貌及 EDS 分析结果。黑色杂质在图 5-32b 中清晰可见，根据 EDS 分析结果，该杂质主要含有 Al 和 O 元素。根据之前的分析，氧化铝涂层残留在锌熔法回收料中，难以被分解或与其他物质发生反应，因此在烧结硬质合金刀片过程中难以被消除，推测该杂质的主要成分为氧化铝。

添加氧化铝前后再生 YG6 硬质合金的性能见表 5-5。结果显示，添加氧化铝后的再生硬质合金的抗弯强度下降，证实了氧化铝影响再生硬质合金的性能。去除回收料中的杂质，或者降低杂质的含量，理论上可以提高再生硬质合金的性能。从表 5-5 中可以看出，添加氧化铝后，再生硬质合金的硬度提高了，主要原因是氧化铝硬度高，添加到硬质合金中之后，可以作为增强相，提高了硬质合金的硬度，同时少量铝可以细化 WC 晶粒[107]。充分利用氧化铝作为增强相可以减弱其影响，需要更深入研究。

a) 断口SEM形貌

b) 局部放大图

c) EDS分析结果

图 5-32　锌熔法再生 YG6 硬质合金断口的 SEM 形貌及 EDS 分析结果

表 5-5　添加氧化铝前后再生 YG6 硬质合金的性能

编号	样品	抗弯强度 /MPa	维氏硬度 /GPa
5-1	YG6	1277.00	1627.78
5-2	YG6-Al0.1/%	587.00	1783.61

5.4.1.2　超声清洗对回收料中涂层杂质的影响

根据之前的结果分析，涂层在锌熔法回收过程中未溶解，也未发生化学反应，最后残留在 WC 粉末中。杂质的存在会影响回收 WC 粉末纯度，也会影响再生硬质合金的性能，因此去除 WC 粉末中的涂层杂质或降低其含量对回收产品的质量至关重要。最简单、直接的办法就是清洗回收 WC 粉末。超声波清洗利用其空化作用及振动去除污渍和杂质，清洗效果较好，在实验室广泛应用。在此期望通过超声清洗能去除回收 WC 粉末中的涂层杂质。

图 5-33 所示为依次采用纯净水和乙醇进行超声清洗 15min 后所得的再生 WC 粉末。由图 5-33 中可以看出，涂层杂质依然残留在清洗后的回收料中，

并未被完全清除。超声清洗可以使密度相差较大的物质分层，而锌熔法回收料中的许多涂层都连接着 WC 颗粒，难以通过超声清洗完全去除其中的涂层杂质。

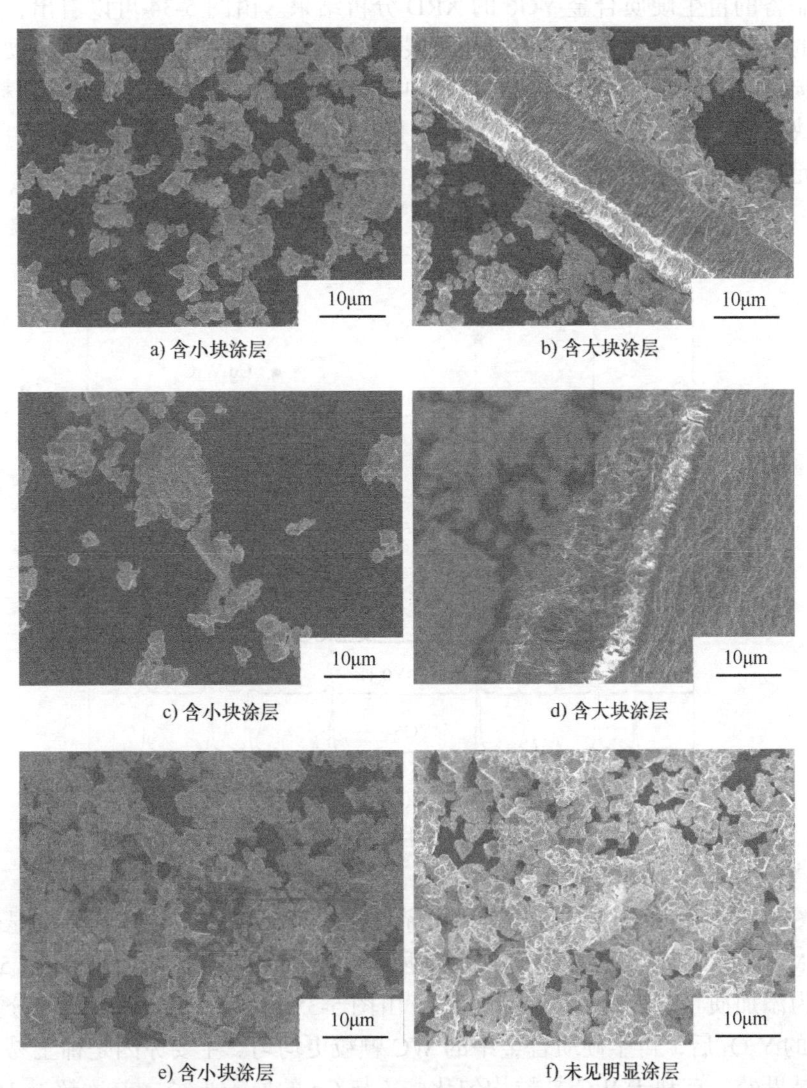

a) 含小块涂层　b) 含大块涂层

c) 含小块涂层　d) 含大块涂层

e) 含小块涂层　f) 未见明显涂层

图 5-33 依次采用纯净水和乙醇进行超声清洗 15min 后所得的再生 WC 粉末

5.4.2 添加稀土增强机理

残留在锌熔法回收料中的涂层杂质会影响再生硬质合金的性能。根据何文等人[55]的研究，添加稀土可以净化杂质，改善硬质合金性能。为了提高锌熔法再生硬质合金的性能，以锌熔法回收 TiCN/Al_2O_3/TiN 多涂层硬质合金刀片 A 得到的回收料为原料，球磨前分别添加质量分数为 0.4% 和 1.2% 的 Y_2O_3，制备成稀土再生硬质合金 YG6-Y0.4% 和 YG6-Y1.2%。图 5-34 所示为添加不同稀土制备的再生硬质合金 YG6 的 XRD 分析结果。由图 5-34 可以看出，三个样品的主要物相都为碳化钨、钴及缺碳相 Co_3W_3C。结果表明，该再生硬质合金中碳明显不足，可能原因是回收料中的杂质较多，在烧结过程中会消耗碳，导致缺碳相生成。添加稀土后，缺碳相仍然存在，情况并没有得到改善，因为稀土元素会消耗碳[108]。

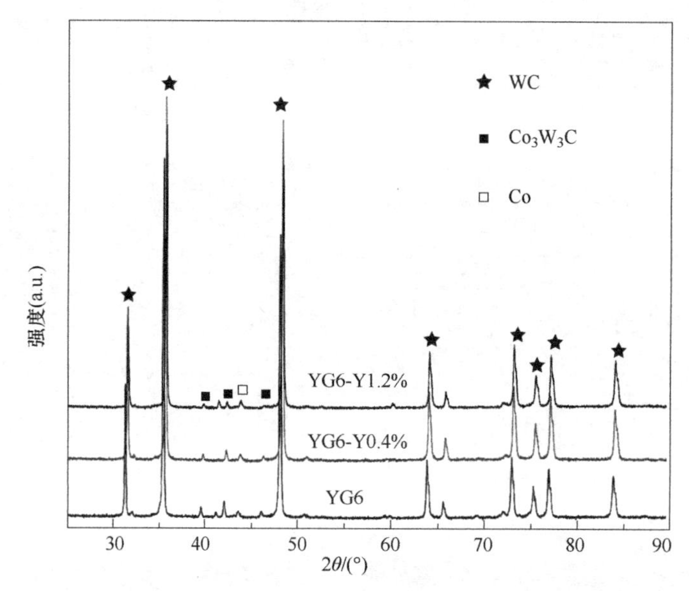

图 5-34 添加不同稀土制备的再生硬质合金 YG6 的 XRD 分析结果

图 5-35 所示为未添加稀土和添加稀土制备的再生 YG6 硬质合金的显微组织 SEM 形貌，其中图 5-35a 和图 5-35b 所示为未添加稀土，图 5-35c 和图 5-35d 所示为添加质量分数为 0.4% 的 Y_2O_3。由图 5-35 可以看出，添加质量分数为 0.4% 的 Y_2O_3 后，再生硬质合金中的 WC 颗粒更均匀。主要原因是稀土易于偏聚在晶界处，有利于 WC 晶粒均匀化。Y 与 Co 的原子半径之差远超过 15%，根据 Hume-Rothery 规则，稀土元素难以均匀固溶在 Co 相中，主要以偏聚和化合物形态存在于硬质合金中的界面或其他各类缺陷处[109]，使系统能量降低到亚稳状态。从热力学角度分析，稀土原子固溶在晶界区远比晶内造成的畸变能小，根据能量最低原理，稀土原子易在晶界区和缺陷处偏聚[59]，起着钉扎晶界的作用，阻碍大尺寸 WC 颗粒的溶解 - 析出长大[109]。稀土原子钉扎在晶

界处，可以形成弥散质点，阻碍固溶体晶界迁移，从而使硬质合金晶粒变细、分布更均匀。稀土元素偏聚在界面处会降低界面能，可以抑制硬质合金中颗粒粗化过程，有利于颗粒均匀化[64, 110]。稀土元素还可以与硬质合金中的成分组成化合物，对晶界起净化作用。稀土元素与O等元素具有较强的亲和力，形成稀土化合物相并存在于WC/Co相界面或Co黏结相中[62, 63]。结果表明，稀土加入使得WC颗粒更均匀，有利于抗弯强度提高，与之前的报道结论一致[69, 70]。

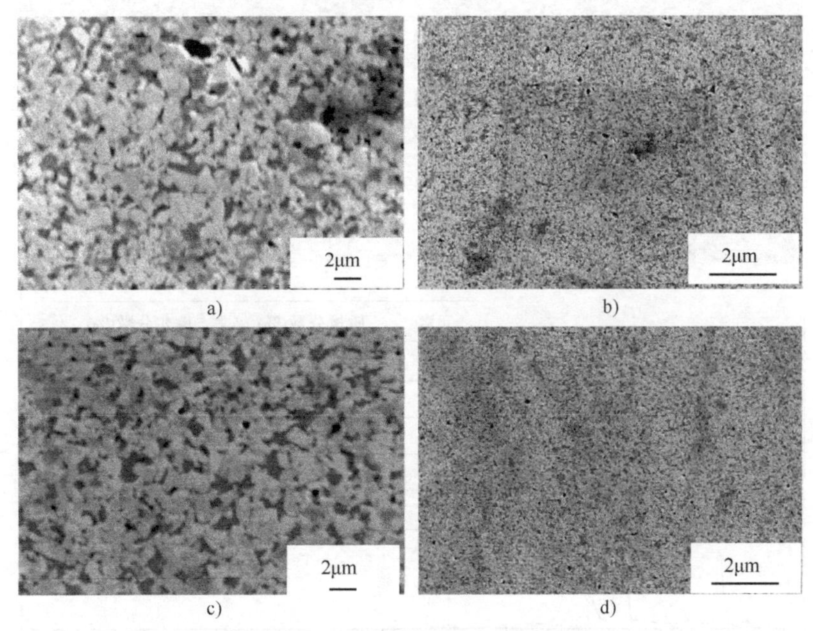

图5-35　未添加稀土和添加稀土制备的再生YG6硬质合金的显微组织SEM形貌

表5-6列出了不同稀土添加量制备的再生硬质合金性能。结果显示，添加质量分数为0.4%的氧化钇后，YG6-Y0.4%再生硬质合金的抗弯强度为1460MPa，比未添加稀土的YG6再生硬质合金增加了14.33%。

表5-6　不同稀土添加量制备的再生硬质合金性能

编号	样品	抗弯强度/MPa	密度/(g/cm³)	洛氏硬度HRA
5-1	YG6	1277. 00	13. 99	91. 68
5-3	YG6-Y0.4%	1460. 00	13. 99	91. 70
5-4	YG6-Y1.2%	1079. 00	13. 76	91. 18

YG6-Y0.4%再生硬质合金的断口SEM形貌及EDS分析结果如图5-36所

示。由图 5-36 可以看出，不少黑色杂质存在于再生硬质合金中，同时 EDS 分析结果显示，黑色杂质中主要包含 Y 和 O 元素，可见部分稀土与氧聚集一起，可能净化了部分氧杂质。此外，杂质中还含有 Al 和 C 元素，推测该杂质中可能含有氧化铝或碳化铝。

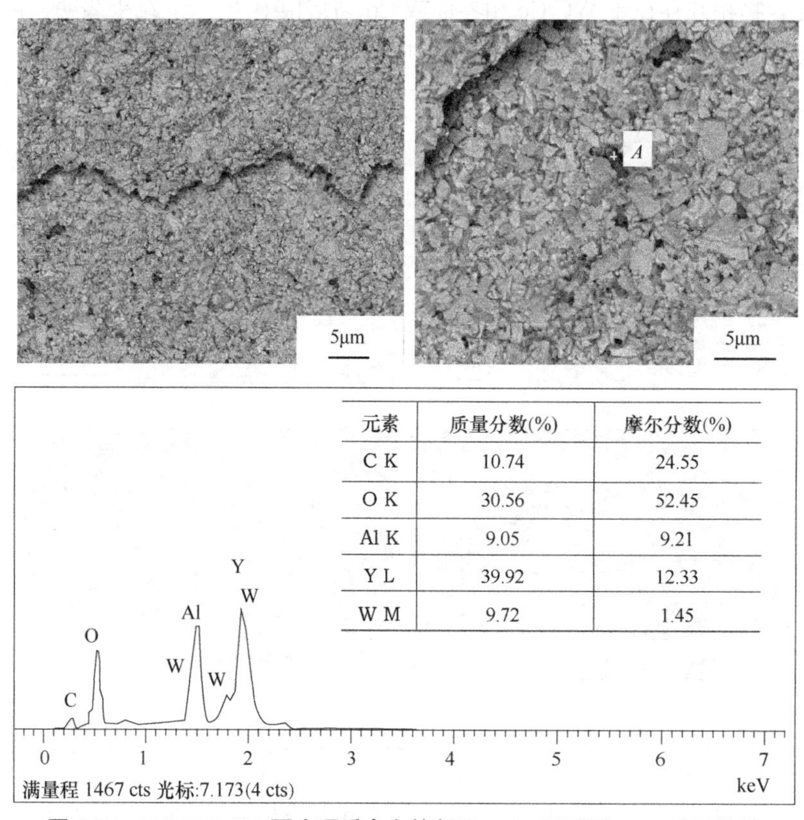

元素	质量分数(%)	摩尔分数(%)
C K	10.74	24.55
O K	30.56	52.45
Al K	9.05	9.21
Y L	39.92	12.33
W M	9.72	1.45

图 5-36　YG6-Y0.4% 再生硬质合金的断口 SEM 形貌及 EDS 分析结果

结果显示，稀土硬质合金的密度较低，因为锌熔法回收料中本身杂质较多，这些杂质在再生硬质合金中容易形成缺陷引起孔隙增多，导致密度降低。添加稀土后更容易出现缺碳相，也会导致密度较低。从表 5-6 中可以看出，添加质量分数为 1.2% 的 Y_2O_3 制备的再生硬质合金的抗弯强度仅为 1079MPa，相对于未添加 Y_2O_3 的再生硬质合金降低了 15.50%。主要是过量的稀土元素在硬质合金中作为新的杂质形成了更多的缺陷，导致再生硬质合金的抗弯强度下降。

添加适量稀土后，再生硬质合金的抗弯强度提高，但密度较低，再生硬质合金中存在缺碳相，因此制备稀土硬质合金时需要添加适量的碳。根据杨艳玲等人[111]的研究结果，总碳量应该为 WC 理论需要的碳量与稀土氧化物耗费的

碳量之和，即

$$C_t = C_{WC} + AC_{ReO} \tag{5-7}$$

式中　C_t——理论总碳量；

C_{WC}——制备碳化钨需要耗费的碳量；

C_{ReO}——稀土氧化物需要耗费的碳量；

A——常数。

当含有其他耗碳杂质时，还需考虑杂质所需碳量。

5.4.3　混合再生硬质合金制备

以锌熔法回收多涂层硬质合金刀片 A 所得 WC 粉末与原生钨粉制备的 WC 粉末为原料，两者按照表 5-2 中所列的配料比混合后，按照总量的 10% 配钴，制备成混合再生 YG10 硬质合金。图 5-37 所示为不同配料比例制备的混合锌熔法再生硬质合金的 XRD 分析结果。图 5-37 显示，不同配料比的混合再生硬质合金的主要物相都是 WC 和 Co。表 5-7 列出了混合再生硬质合金的性能。结果显示，当回收料添加量为 30% 时，YG10-R30% 的抗弯强度可达 1811MPa；回收 WC 粉的添加量为 10% 和 50% 时，再生硬质合金的抗弯强度都较低。可能原因是回收粉末与原生粉末颗粒大小不一致，当回收料添加量为 30% 时，两种 WC 粉末能较好融合。结果显示，三种混合再生硬质合金的硬度值相差不大，可见配料比例对它们的硬度影响不大，可能原因是主要成分都为 WC-Co。混合再生硬质合金的密度随着回收 WC 粉末的添加量增加而降低，原因是回收粉末中杂质较多，容易引起混合再生硬质合金中产生孔隙，导致密度降低。回收料与原生 WC 粉末按合适比例混合后制备成再生硬质合金，是一种有效的再生利用回收 WC 粉末的方法。

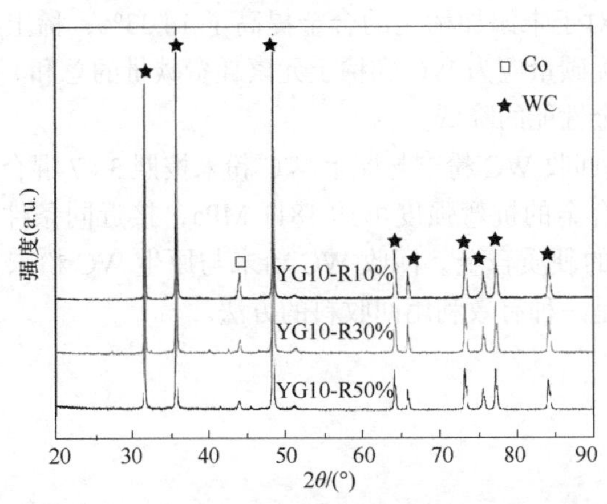

图 5-37　不同配料比制备的混合锌熔法再生硬质合金的 XRD 分析结果

表 5-7　混合再生硬质合金的性能

编号	样品	抗弯强度 /MPa	维氏硬度 /GPa
5-5	YG10-R10%	1335.00	1549.07
5-6	YG10-R30%	1811.00	1549.56
5-7	YG10-R50%	1469.00	1536.74

5.5 锌熔法回收废涂层硬质合金分析

1）涂层对锌熔法熔散过程产生阻碍作用，延缓了熔散进程，相对于无涂层硬质合金刀片，在相同条件下，废涂层硬质合金刀片完成熔散过程所需时间更长，TiCN/Al_2O_3/TiN 多涂层硬质合金刀片 A 经过 15h 被完全熔散，而相应的去除涂层后的硬质合金刀片只需 9h 即被完全熔散；TiAlN 单涂层硬质合金刀片和相应去涂层后的硬质合金刀片完全熔散时间分别为 9h 和 6h。在熔散过程中，化学反应、扩散及溶解并不是涂层失效的主要原因。锌难以通过完整涂层，主要是通过裂纹等缺陷进入基体。在涂层硬质合金刀片熔散过程中，缺陷产生和扩散的原因主要是应力和熔融锌液的冲击力，随着保温时间的延长，缺陷数量增多、尺寸增大，以贯穿裂纹为主，逐渐扩展成缝隙，缝隙加宽变多，直至涂层断裂或剥离。

2）氧化铝涂层存在于回收 WC 粉末中，与 WC 颗粒相连或单独存在。超声清洗无法完全去除锌熔法回收料中的涂层杂质。

3）添加质量分数为 0.4% 的氧化钇制备的再生 YG6 硬质合金中颗粒更均匀，抗弯强度相对于未添加稀土的合金提高了 14.33%，稀土再生硬质合金制备过程中的理论配碳量应为 WC 和稀土元素耗费碳量的总和。过高的稀土元素添加量会导致合金性能的降低。

4）以锌熔法回收 WC 粉末与原生 WC 粉末按照 3∶7 混合时，制备的混合再生 YG10 硬质合金的抗弯强度可达 1811 MPa，接近同条件完全以原生 WC 粉末为原料制备的硬质合金。回收 WC 粉末与原生 WC 粉末按合适比例混合后制备硬质合金是一种有效利用回收料的方法。

第6章 氧化还原法回收废涂层硬质合金工艺及机理

6.1 氧化还原法回收废涂层硬质合金简介

锌熔法和电解法回收废涂层硬质合金得到的 WC 粉末中都发现了块状氧化铝涂层。氧化铝性质稳定，难以被分解或与其他物质发生反应，一般在再生硬质合金中以缺陷形式存在，影响再生产品性能。如何降低涂层中的杂质含量，尤其是氧化铝涂层的影响，是废涂层硬质合金回收利用的重中之重。

朱红波等人[112]的前期研究显示，铝元素通过氧化、还原和碳化过程后转变成碳化铝，减弱了氧化铝对硬质合金性能的副作用。在用氧化还原法回收废涂层硬质合金的过程中，氧化铝涂层被破碎、球磨成小块，再经过氧化、还原和高温碳化等工序，有望转化为其他对合金影响小的物质，降低涂层对再生硬质合金的影响，或者是分布均匀的小尺寸氧化铝涂层可以作为增强相，以提高再生产品的性能。TiAlN 单涂层硬质合金在高温时会形成氧化铝膜，阻碍合金进一步被氧化，用氧化还原法回收时，也会出现与含氧化铝涂层硬质合金一样的困境。因此，同样需要深入研究。

与原生 WC 粉末相比，再生 WC 粉末成分较为复杂。在涂层硬质合金中，一般含有 Ta、Nb 等稀有金属元素，或者这些元素的碳化物，涂层、钴、碳化钨等物质间的相互作用也会影响回收 WC 粉末和再生产品性能。与锌熔法和电解法不同，在氧化还原回收 WC-Co 硬质合金过程中，钴一直参与其中，未被分离出来，会影响处理温度、配碳量等工艺参数，需要进一步研究。这里研究了含钴氧化钨的还原行为、含钴钨粉的碳化行为，以及钴、涂层与碳化钨之间的相互作用，为再生 WC-Co 复合粉末制备提供参考。

将氧化还原法回收料部分加入原生 WC 粉末中，混合后制备成再生硬质合金。与锌熔法回收料不同，氧化还原法回收料的成分为碳化钨和钴的复合粉末，因此制备工艺和产品性能都会差别很大，需要更深入研究。

这里以应用广泛的废 TiAlN 单涂层和 TiCN/Al_2O_3/TiN 多涂层 WC-Co 硬质合金刀片为原料，研究氧化还原法回收废涂层硬质合金的工艺参数，分析涂层对回收过程的影响，讨论涂层在回收过程中的演变及与物质间的作用机理，分析涂层对再生产品的影响，为提高再生硬质合金性能提供参考。

6.2 氧化还原法回收废涂层硬质合金试验

氧化还原法回收废涂层硬质合金主要包含氧化、还原和碳化三个过程，流程如图 6-1 所示。

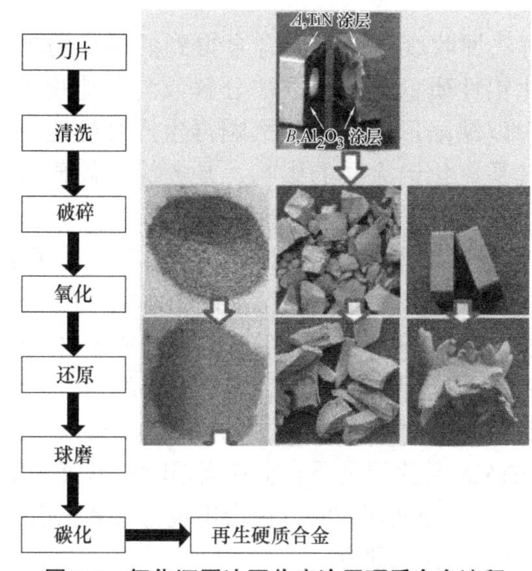

图 6-1　氧化还原法回收废涂层硬质合金流程

6.2.1 氧化过程

图 6-1 所示的灰底方框内部分为氧化过程。将清洗后的废涂层硬质合金刀片置于干燥箱中，完全干燥后备用。为了加快氧化速度，废涂层硬质合金刀片放在硬质合金研磨钵中手工敲碎，通过 100 目筛，筛上物继续磨碎，筛下物装

入氧化铝坩埚中。当箱式电阻炉内温度达到设定值时，将装有废涂层硬质合金粉末的氧化铝坩埚放入电阻炉中，等温保持 10min、30min、60min、120min 和 180min。为了更深入地研究氧化进程，破碎后的大块硬质合金碎片及未破碎的废涂层硬质合金刀片也在同样条件下保温，保温时间延长至 240min 或 300min。

6.2.2　含钴钨粉制备

将完全氧化后的粉末放入管式电阻炉中，通入氢气，阶段保温。图 6-2 所示为管式电阻炉内 850℃下保温 3h 的升温曲线。电阻炉升温速度为 5℃ /min，升到 200℃后保温 0.5h，然后升温至 850℃保温 3h，之后随炉冷却。当还原温度为 720℃和 800℃时流程同上，只是保温 3h 的温度分别为 720℃和 800℃。还原后的粉末用硫碳分析仪测试氧含量。

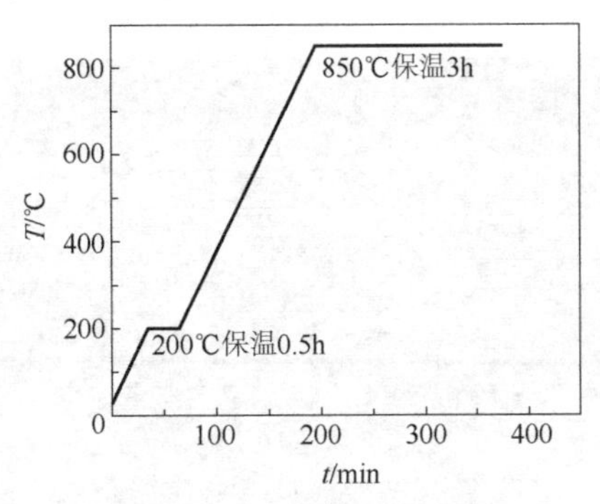

图 6-2　还原过程升温曲线

6.2.3　含钴碳化钨制备

完全还原后的含钴钨粉配置不同含量的炭黑，经球磨 4h 后装入石墨舟皿中，一同放入高温管式炉，碳化过程中通入氢气，阶段保温。图 6-3 所示为还原温度为 1400℃时管式电阻炉内的升温曲线。电阻炉升温到 300℃后保温 0.5h，然后以 7℃/min 分别升温至 1000℃后保温 0.5h，继续以 5℃/min 升温到 1400℃保温 3h，之后随炉冷却。碳化后的粉末用硫碳分析仪测试氧含量。碳化过程用炭黑作为碳源，图 6-4 所示为其 SEM 形貌。

6.2.4　混合再生硬质合金制备

将氧化还原法回收所得的回收料与原生 WC 粉末按照表 6-1 所列比例混合，其中原生 WC 粉末的制备过程如下：从某硬质合金公司购买 W006 钨粉，再经过配碳、球磨、碳化等工序得到原生 WC 粉末。按照 YG10 硬质合金配质量分数为 10.0% 的钴粉，根据何文等人[55]报道的工艺制备成再生硬质合金。

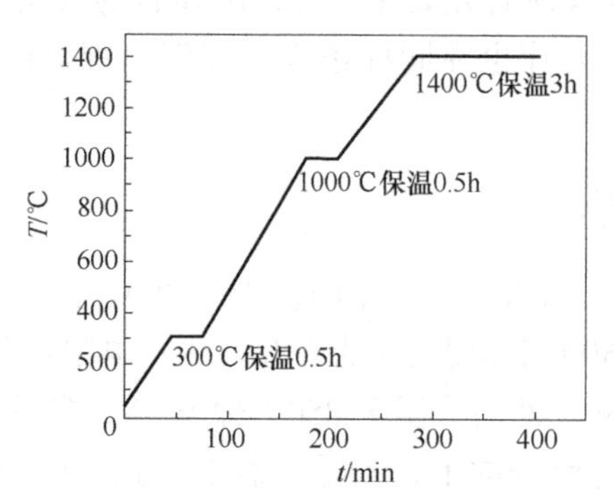

图 6-3　碳化过程升温曲线

图 6-4　炭黑的 SEM 形貌

表 6-1　混合氧化法再生硬质合金 WC 粉末配料

编号	样品	配料 WC 粉末（质量分数，%）	
		氧化还原法回收料 WC 粉末	原生 WC 粉末
6-1	YG10	0	100
6-2	YG10-R10%	10	90
6-3	YG10-R30%	30	70
6-4	YG10-R50%	50	50
6-5	YG10-R100%	100	0

6.3 废涂层硬质合金的氧化行为及机理

6.3.1 TiCN/Al_2O_3/TiN 多涂层硬质合金

6.3.1.1 氧化动力学

根据 Gu 等人[54]的研究结果，涂层硬质合金可以在 900℃被完全氧化，将废多涂层硬质合金刀片在空气中于 900℃下保温不同时间，其宏观形貌如图 6-5 所示。在氧化初期，紧密的涂层作为保护层，阻止氧气往里扩散及涂层内部元素往外扩散。由图 6-5a 可以看出，保温 10min 后，刀片表面涂层仍保持平整，仅有少量的蓝灰色凸起物聚集在破损的侧面或边角处，涂层脱落处凸起物最多。随着保温时间的延长，侧面边角处的凸起物越来越多。保温 60min 后，刀片侧面已不再平整。继续保温 120min 后，蓝色凸起物不仅聚集在侧面边缘，而且从侧面的中间涂层处挤出；保温时间延长到 180min 后，侧面明显出现破损，可以看到此时涂层硬质合金刀片的带孔正面略显黄色，不再是氧化前的灰黑色，但刀片还基本保持方形，并没有被完全氧化。这与 CrAlN 单涂层 WC-9%Co 基硬质合金刀片在 900℃下保温 180min 后被完全氧化结果不一致[54]，主要是因为含有氧化铝的 TiCN/Al_2O_3/TiN 多涂层抗氧化性能优于 CrAlN 单涂层。因此，采用氧化还原法回收不同涂层硬质合金时，处理方法和工艺应根据刀片特点进行适当调整。

图 6-5b 所示为破碎后的废多涂层硬质合金刀片碎块保温不同时间后的宏观形貌。从图 6-5b 可以看出，保温 10min 后，样品中没有涂层的裸露基体处体积明显膨胀，样品形状变化明显，在涂层破损或无涂层处发生氧化反应，产生不规则氧化物，因而氧化后的样品形状不规则。当保温 180min 后，刀片碎块膨胀体积超过原来的 2 倍。结果显示，破碎后的废涂层硬质合金的氧化速度明显加快，这是因为更多基体面暴露出来，与氧气直接接触发生了氧化反应，氧化速率加快。

为了更快地完成氧化过程，废涂层硬质合金刀片被磨碎为尺寸小于 0.15mm 的粉末。图 6-5c 所示为废多涂层硬质合金刀片粉末保温不同时间后的宏观形貌。由图 6-5c 可以看出，保温 10min 后，粉末中可以明显看到很多黑色的 WC 颗粒。随着保温时间的延长，黑色 WC 颗粒数量减少，粉末体积膨胀。保温 180min 后，粉末完全变成了灰绿色，未见黑色颗粒 WC。结果表明，保温 180min 后，废 TiCN/Al_2O_3/TiN 多涂层硬质合金粉末被完全氧化了。研究表明，相对于未破碎的完整刀片和大块碎片，尺寸小于 0.15mm 的废涂层硬质合金粉末的氧化速率大幅度提高，氧化进程加快。

a) 完整刀片

b) 刀片碎块

c) 刀片粉末

图 6-5 废多涂层硬质合金刀片在 900℃保温不同时间的宏观形貌

为了确定氧化温度，对废 TiCN/Al_2O_3/TiN 多涂层硬质合金刀片进行热分析测试。图 6-6a 所示为 TG-DSC 曲线。由图 6-6a 可以看出，当氧化温度超过 400℃时，刀片质量分数明显上升；在 720℃左右时，DSC 曲线达到最低点，表明此时氧化速度最快。因此，废涂层硬质合金刀片的理论最佳氧化温度为 720℃。图 6-6a 显示，当刀片质量分数达到 118.20% 时，TG 曲线几乎保持平直形态，表明废涂层硬质合金刀片被完全氧化，结果与文献［44］报道的 WC-Co 硬质合金刀片完全氧化时样品的相对质量理论值一致。图 6-6b 所示为氧化质量比随保温时间的变化曲线。纵坐标 W/W_0 表示氧化质量比，W 为样品在不同保温时间的质量，W_0 是样品氧化前的质量。根据图 6-6a 所示的热分析结果，理论上，废 TiCN/Al_2O_3/TiN 多涂层硬质合金刀片在 720℃很快被氧化。然而，图 6-6b 所示的结果显示，完整刀片在 720℃氧化时的质量曲线几乎是平的，即样品质量无明显变化，可以推测，废 TiCN/Al_2O_3/TiN 多涂层硬质合金完整刀片在 720℃保温无法完全被氧化。氧化过程主要是由界面间的反应决定[44]。在 720℃下涂层未被破坏，完整刀片基体中的 WC-Co 界面与氧气被涂层隔离，涂层严重阻碍了氧化反应的进行。为了加快氧化进程，应该暴露更多的 WC-Co 界面在空气或氧气中，因此将废涂层硬质合金刀片敲成碎块。图 6-6b 显示，刀片碎块在 720℃氧化时，质量曲线增长缓慢，完成氧化进程所需时间较长，需要更高的氧化温度破坏涂层来加快氧化进程；当温度升到 900℃时，氧化质量比增长明显加快。结果表明，高的氧化温度和小的样品颗粒都可以加快氧化速度。但是，温度过高会耗费过多的能源，因此这里的氧化温度定为 900℃。

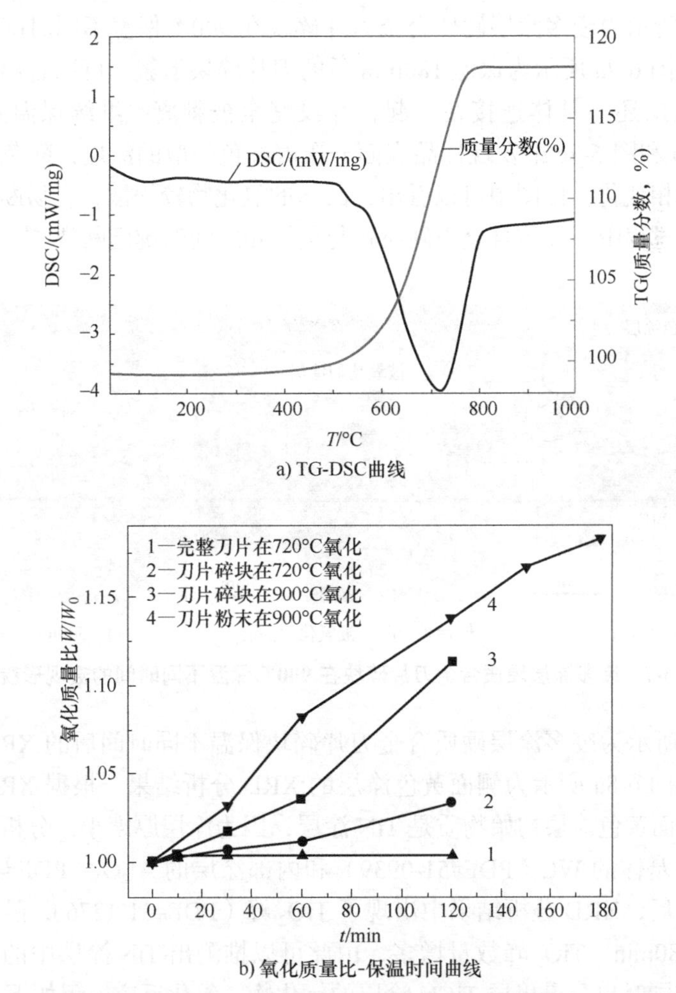

图 6-6　废多涂层硬质合金刀片的 TG-DSC 曲线及氧化质量比 - 保温时间曲线

废涂层硬质合金刀片被磨碎成尺寸小于 0.15mm 的颗粒，在这么小的颗粒中涂层已被磨碎，绝大多数的 WC-Co 界面都暴露在空气中并与氧气直接接触，同时氧气很快扩散到颗粒内部，因此氧化反应加快，样品氧化质量比增长明显。当保温 120min 后，粉末的氧化质量比达到了 1.138；继续保温 180min 后，质量比已经达到 1.183，接近于 WC-Co 硬质合金刀片完成氧化的最大理论值，与图 6-6a 所示的结果一致。过 100 目筛后的废 TiCN/Al_2O_3/TiN 多涂层硬质合金颗粒在 900℃保温 180min 后被完全氧化。结果表明，涂层的阻碍作用降低了氧化速度，高温和破碎可以加快氧化进程。考虑回收成本和生产周期，采用氧化还原法回收废多涂层硬质合金前，应先把原料破碎成粉末。

6.3.1.2　多涂层硬质合金在氧化过程中的物相变化

图 6-7 所示为废多涂层硬质合金刀片碎块在 900℃保温不同时间的宏观形貌。其中，图 6-7a 所示为保温 180min 后的刀片碎块形貌，可以看出，黑色涂层和黄色涂层还与基体连接在一起，并没完全被剥离。继续保温到 300min 后，图 6-7b 和图 6-7c 中发现样品表面分布着红色松散的涂层，颜色变化意味着涂层的物相变化。由图中可以看出，凸起的氧化物较松散，容易断裂，这是因为在氧化过程中，硬质合金中硬质相与黏结相之间的键已断裂[44]。

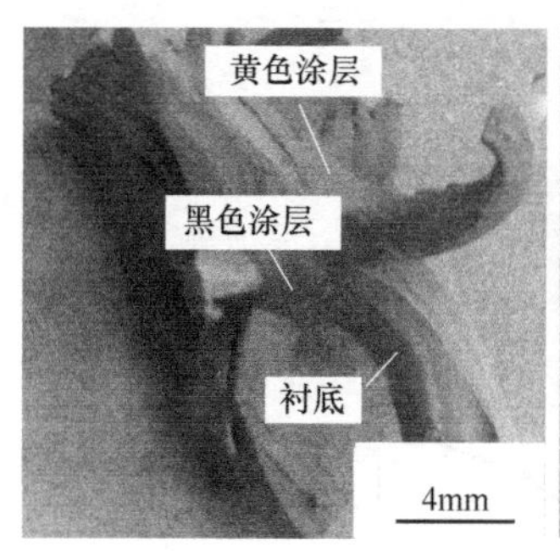

a) t=180min

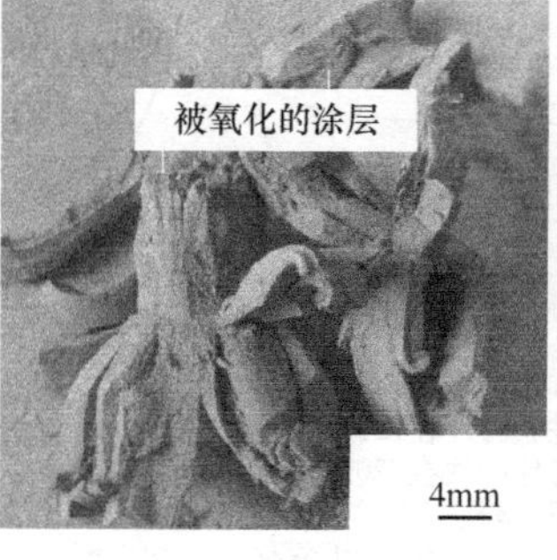

b) t=300min，被氧化的涂层

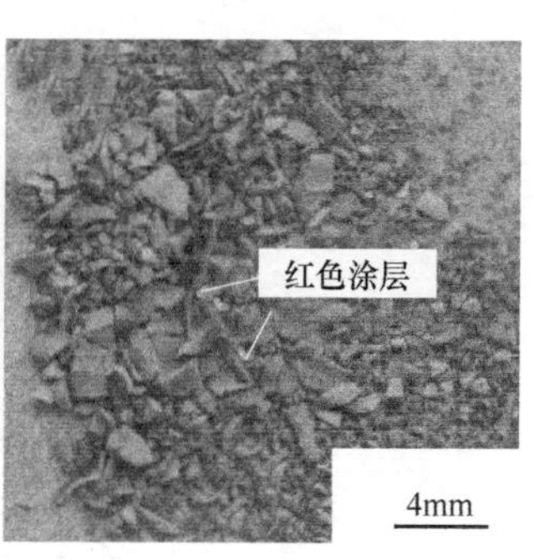

c) t=300min，红色涂层

图 6-7　废多涂层硬质合金刀片碎块在 900℃保温不同时间的宏观形貌

图 6-8 所示为废多涂层硬质合金刀片碎块保温不同时间后的 XRD 分析结果。其中，图 6-8a 所示为侧面黄色涂层的 XRD 分析结果。根据 XRD 分析结果可知，侧面黄色涂层初始物质是 TiN 涂层，因为涂层厚度小，分析结果中可以发现来自基体的 WC（PDF#51-0939）和内部涂层的 Al_2O_3（PDF#46-1212）。保温 60min 后，XRD 分析结果中出现了 TiO_2 峰（PDF#21-1276），随着保温时间延长到 180min，TiO_2 峰数量增多，由此可以推测出 TiN 涂层中的氧化产物为 TiO_2，它同时也是最里层 TiCN 涂层的氧化物。氧化反应方程如下[113]：

$$2TiN+2O_2 \longrightarrow 2TiO_2+N_2 \tag{6-1}$$

$$2TiCN+4O_2 \longrightarrow 2TiO_2+N_2+2CO_2 \tag{6-2}$$

图 6-8b 所示为正面黑色的带孔大面涂层保温不同时间后的 XRD 分析结果。从图 6-8b 中可以看出，该面的 XRD 分析结果变化不大。黑色大面表面是氧化

铝涂层，具有良好的抗氧化性能，因此在 900℃不能被氧化[113]。

图 6-8c 和图 6-8d 所示为废涂层硬质合金刀片基体和刀片粉末保温不同时间后的 XRD 分析结果。图中显示，随着保温时间的延长，WC 峰数量逐渐减少，保温 180min 后，废多涂层 WC-Co 硬质合金刀片粉末和刀片基体都完全转化为 WO_3（PDF#20-1324）和 $CoWO_4$（PDF#15-0867）的混合物，氧化反应为[44]：

$$WC+5/2O_2 \longrightarrow WO_3+CO_2 \tag{6-3}$$

$$WC+2O_2 \longrightarrow WO_3+CO \tag{6-4}$$

$$Co+WC+3O_2 \longrightarrow CoWO_4+CO_2 \tag{6-5}$$

根据已报道的理论热力学计算值[54]，以上方程（6-3）~方程（6-5）在 900℃、一个标准大气压下的标准自由能小于零，即三个方程在该条件下能发生反应，这在图 6-8 中的 XRD 分析结果得到了证实。

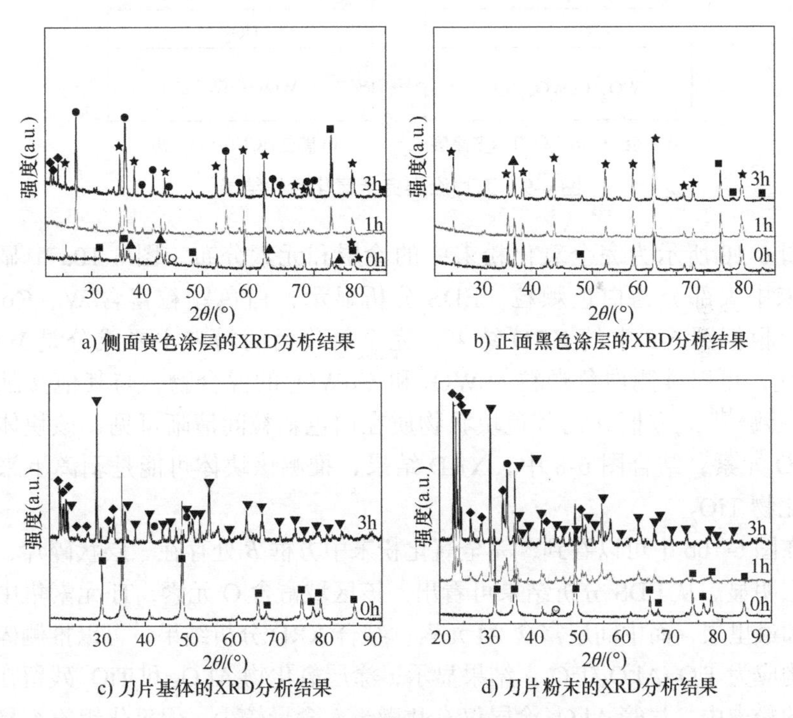

a) 侧面黄色涂层的XRD分析结果　b) 正面黑色涂层的XRD分析结果

c) 刀片基体的XRD分析结果　d) 刀片粉末的XRD分析结果

图 6-8　废多涂层硬质合金刀片碎块保温不同时间后的 XRD 分析结果

★—Al_2O_3 ▲—TiN ■—WC ○—Co ▲—$C_{0.7}N_{0.3}Ti$ ●—TiO_2 ◆—WO_3 ▼—$CoWO_4$

保温 180min 后，图 6-8a 和图 6-8b 中可以看到 WC 峰的存在，但图 6-8d 中见 WC 峰，表明过 100 目筛的废多涂层硬质合金刀片粉末 180min 后被完全氧化，但刀片碎块未完全氧化，这主要是因为涂层阻碍了元素扩散，导致氧化进程缓慢。因此，将废涂层硬质合金刀片在氧化前磨碎来提高氧化效率是有必要的。

图 6-8d 所示的刀片粉末 XRD 分析结果中未见涂层氧化物 TiO_2 和 Al_2O_3 峰，也未见基体中含有的元素 Ta 和 Nb 的氧化物 Ta_2O_5 和 Nb_2O_5 [114, 115]，可能因为这些物质含量太低而无法探测到，或者微弱的信号被噪声干扰。

根据以上分析，假如刀片能一直保持氧化前的长方体形状，黄色 TiCN/Al_2O_3/TiN 多涂层完全氧化后为 TiO_2/Al_2O_3/TiO_2，黑色 TiCN/Al_2O_3 涂层被氧化为 TiO_2/Al_2O_3，如图 6-9 所示。实际上，硬质合金刀片必然因氧化反应发生体积膨胀，不可能一直保持方形，热应力也会引起涂层剥离或开裂，氧化后的基体和涂层都松散且易破碎。

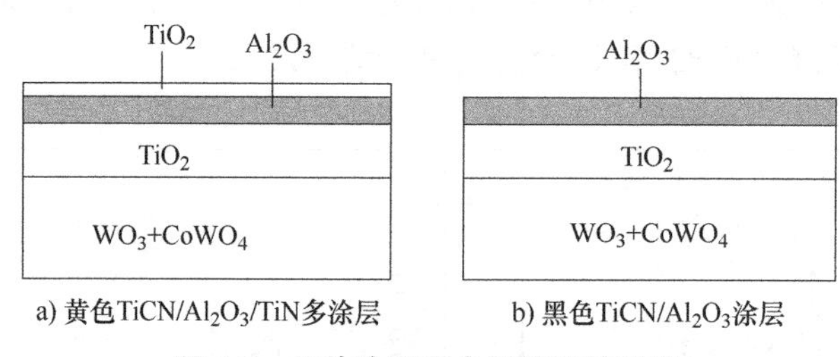

a) 黄色TiCN/Al_2O_3/TiN多涂层　　b) 黑色TiCN/Al_2O_3涂层

图 6-9　刀片涂层完全氧化后的结果

图 6-10 所示为完全氧化粉末中的涂层和元素分布。图 6-10a 中显示氧化粉末中大部分为白色颗粒。EDS 分析显示，白色颗粒富含 W、Co 和 O 元素。根据图 6-8 中的 XRD 结果，完全氧化后的粉末主要成分是 WO_3 和 $CoWO_4$，可以推测白色颗粒为 WO_3 和 $CoWO_4$ 的混合物，与其他文献报道结果一致[116]。方框 *A* 内灰色块状物质在白色颗粒间清晰可见，该块体富含 Ti 和 O 元素，结合图 6-8 中，XRD 结果，推测该块体可能是剥离下来的涂层氧化物 TiO_2。

在图 6-10b 中可以看到，完全氧化粉末中方框 *B* 处存在三层状碎片，该碎片分层明显。从 EDS 分析结果可看出，该区域富含 O 元素，Ti 元素集中在最外层和最里层，而中间层富含 Al 元素。结合 XRD 分析结果，可以推测碎片三层结构应为 TiO_2/Al_2O_3/TiO_2。结果显示，涂层氧化物 Al_2O_3 和 TiO_2 残留在完全氧化的粉末中。尽管 Al_2O_3 涂层仅有几微米，含量较少，但氧化铝不容易被分解，也不易与其他物质发生反应，将残留于再生硬质合金中作为杂质，影响再生硬质合金性能。

6.3.1.3　多涂层的氧化进程分析

为了更好地研究 TiCN/Al_2O_3/TiN 多涂层硬质合金刀片的氧化进程，以及氧化过程中氧气、涂层和基体之间的相互作用，图 6-11 和图 6-12 分别所示为废多涂层硬质合金刀片保温不同时间后的表面和截面的 SEM 形貌及 EDS 分析结果。这里所用的原料是反复使用后的废弃刀片，在之前加工工件过程中，因高温产生的应力和机械碰撞引起刀片表面产生了很多缺陷，局部边角处的涂层甚至已脱落。如图 6-11a 所示，保温 60min 后，样品表面出现了很多凹坑，表面不再平整，同时可以看到更多裂纹。在 900℃下氧化时，因不同材料的热膨胀系数不同及物相变化产生的应力是缺陷产生和扩展的主要原因。这些缺陷为元素扩散提供了快速通道。更多的氧气通过点缺陷和裂纹扩散到内部的 TiCN 涂层和基体，同时内部元素也通过这些缺陷往外扩散。从图 6-11a 中可以清晰地看到，白色物质沿着裂纹分布，有些裂纹甚至被这些白色物质填满。经过 300min 保温后，从图 6-11b 中可以发现更多尺寸更大的裂纹，最大的裂纹宽度超过 3μm。图 6-11c 和图 6-11d 所示为方框 1 和方框 2 的 EDS 分析结果，可以看出，白色物质主要含 W 元素，未破碎表面处也存在 W 元素，说明基体中的元素通过裂纹等缺陷扩散到刀片表面。

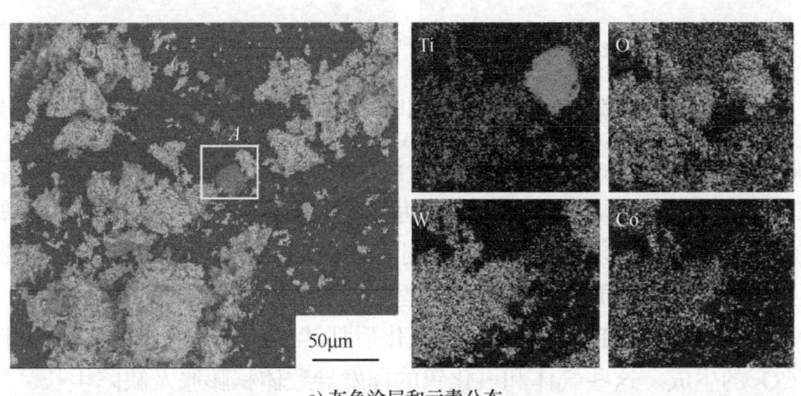

a) 灰色涂层和元素分布

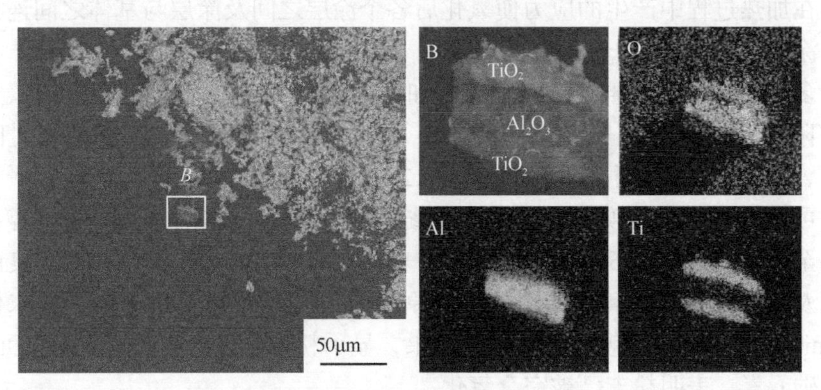

b) 多层涂层和元素分布

图 6-10 完全氧化粉末中的涂层和元素分布

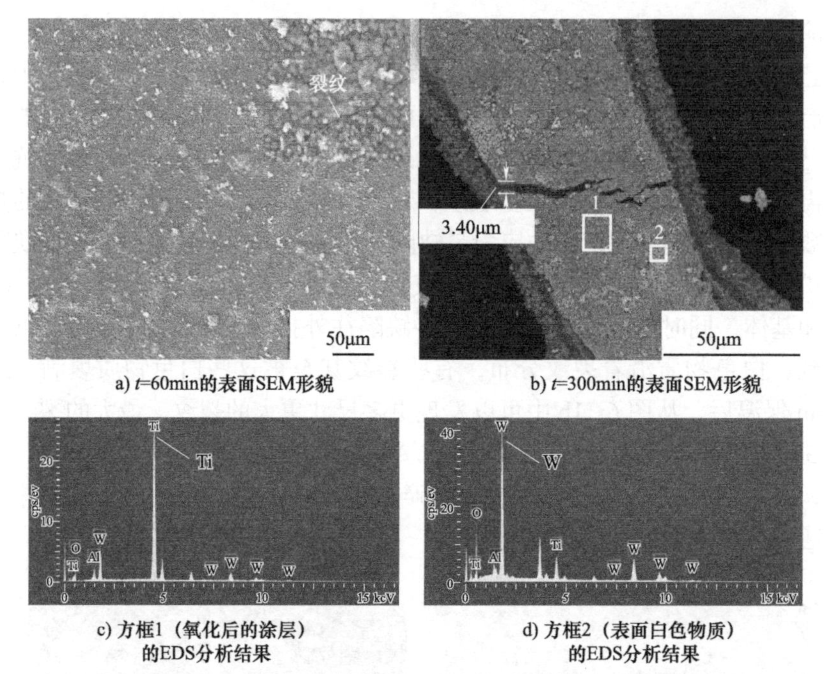

a) t=60min的表面SEM形貌 b) t=300min的表面SEM形貌

c) 方框1（氧化后的涂层）的EDS分析结果 d) 方框2（表面白色物质）的EDS分析结果

图 6-11 废多涂层硬质合金刀片保温不同时间后的表面 SEM 形貌和 EDS 分析结果

如图 6-12a 所示，保温 10min 后，涂层保持紧密；如图 6-12b 所示，保温 30min 后，涂层最外层和最里层体积明显膨胀，其中最里层涂层厚度增加了 24.58%，膨胀后的涂层中存在很多孔洞。Lofaj 认为[44]，刀片膨胀的主要原因是氧化物的生成和物质的挥发。从方程（6-1）和方程（6-2）可以看出，最外层 TiN 涂层和最里层 TiCN 涂层完全氧化后都转化为多孔的 TiO_2，同时伴随着 N_2 和 CO_2 的生成。这些气体和氧化钨的挥发导致体积膨胀及缺陷生长[117, 118]，同时在加热过程中产生的应力使氧化后各个涂层之间及涂层与基体之间连接减弱，涂层容易脱落。

多孔的涂层无法再继续隔离氧气和基体中的 WC-Co 界面，更多的氧气通过缺陷扩散到内涂层 TiCN 及基体中，氧化反应速度加快。随着保温时间的延长，涂层之间的连接更差，如图 6-12c 所示。保温 300min 后，涂层严重开裂，可以看到一条宽度超过 3μm 的大缝隙横在氧化层之间，此时涂层容易断裂甚至被剥离，如图 6-12d 所示。结果表明，涂层间或涂层与基体间不良的连接性及缺陷是涂层破碎和断裂的主要原因[119]。图 6-12e 所示为刀片粉末保温 300min 后的 SEM 形貌和 EDS 分析结果，显示粉末中仅含有钨、钴和氧元素，未见碳元素，表明粉末已被完全氧化。

图 6-12c 中元素面扫描结果显示，氧化后的涂层明显包含三层，最里层和表面层富含钛和氧，而中间层富含铝和氧。结合 XRD 分析结果，证实了保温

300min 后 TiN 和 TiCN 涂层都转化成 TiO_2，中间层 Al_2O_3 保持了原来的物相并保持致密，作为阻止层使元素扩散难以通过[113]。缺陷为 O 元素往里扩散和 W 元素往外扩散提供了快速通道，因此能看到涂层表面存在基体元素 W，但刀片表面的白色 WO_3 并不多，主要是因为氧往里的气相扩散比钨往外的固相扩散快，更多的氧化反应发生在基体。

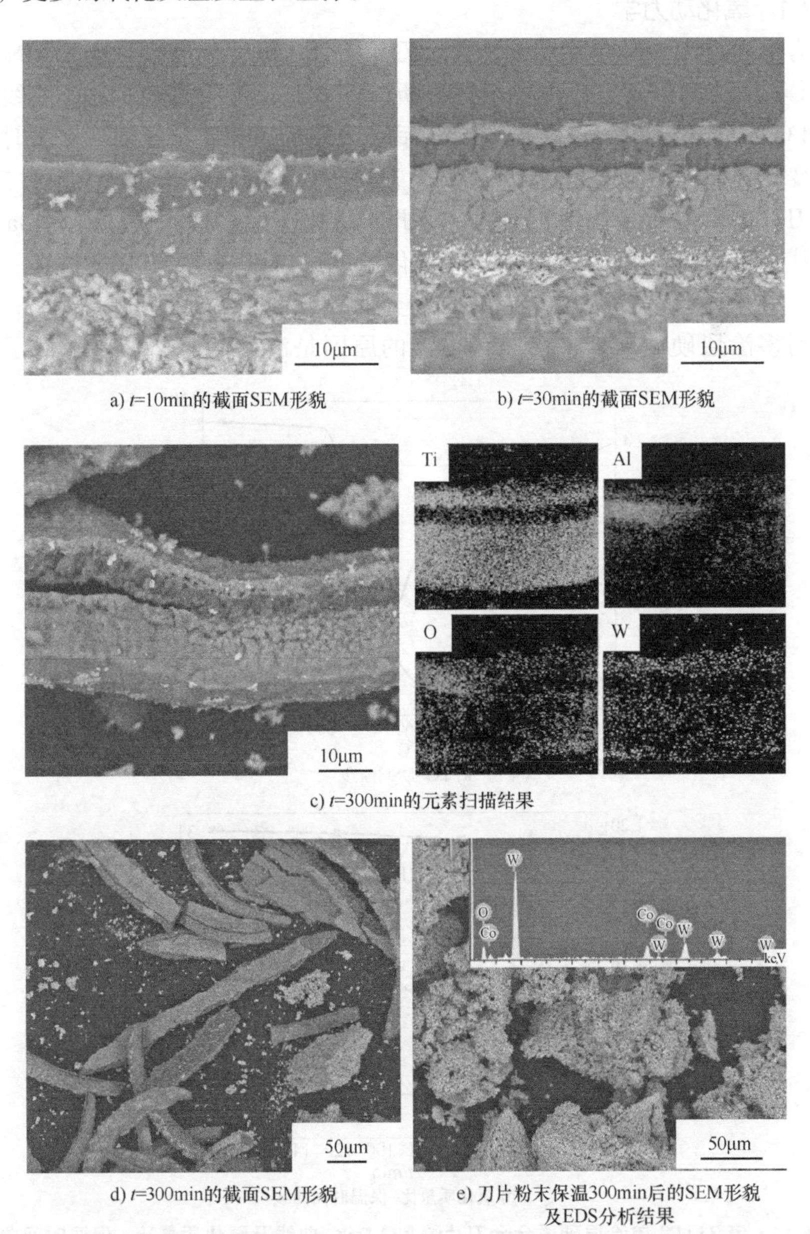

a) t=10min的截面SEM形貌　b) t=30min的截面SEM形貌

c) t=300min的元素扫描结果

d) t=300min的截面SEM形貌　e) 刀片粉末保温300min后的SEM形貌及EDS分析结果

图 6-12　废多涂层硬质合金刀片保温不同时间后的截面 SEM 形貌及 EDS 分析结果

6.3.2 废 TiAlN 单涂层硬质合金

TiAlN 涂层具有良好的抗氧化性能而在硬质合金领域得到广泛应用。在高温条件下，TiAlN 单涂层硬质合金表面会生成 Al_2O_3 氧化膜，阻止刀片进一步被氧化，TiAlN 涂层成为氧化还原法回收废涂层硬质合金的一大难题。

6.3.2.1 氧化动力学

为了确定 TiAlN 单涂层硬质合金刀片的合适氧化温度，对废 TiAlN 单涂层 WC-Co 硬质合金刀片进行了热分析，图 6-13a 所示为 TG-DSC 曲线。由图 6-13a 中可以看出，温度高于 350℃后，刀片的氧化质量比随着保温时间的延长变化明显；当温度超过 600℃后，刀片的氧化质量比快速增大；约 710℃时，刀片的氧化质量比增长最快，即此时氧化速度最快。根据图 6-13a 所示的曲线，可以推测理论上该样品的氧化温度可以选择为 710℃。文献［120］报道，氧化还原法回收废涂层硬质合金的氧化温度一般为 900℃[120]。根据前面对多涂层硬质合金的分析，可能的原因是涂层的阻碍作用降低了氧化

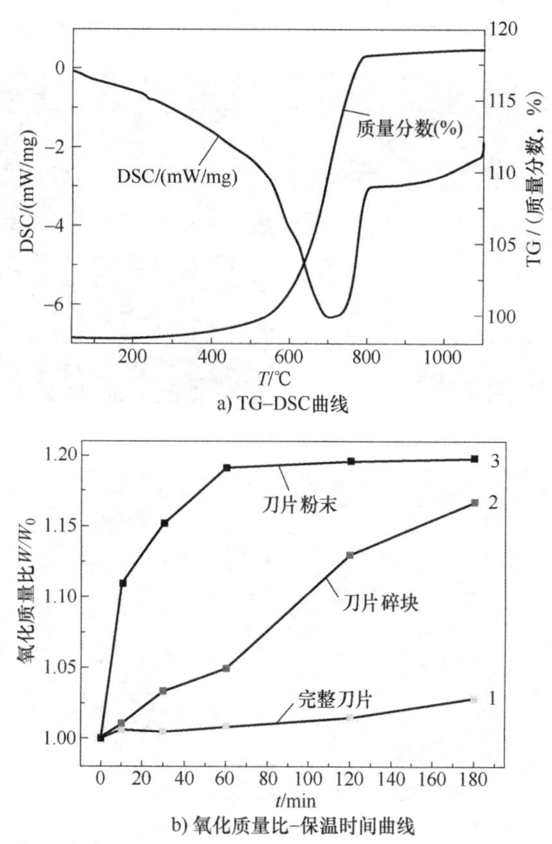

图 6-13 废 TiAlN 单涂层硬质合金刀片的 TG-DSC 曲线及氧化质量比 - 保温时间曲线

W—样品在不同保温时间的质量 W_0—样品氧化前的质量

速度，因此这里研究单涂层硬质合金氧化动力学的氧化温度选择 900℃。为了加快氧化速度，废 TiAlN 单涂层 WC-Co 硬质合金刀片被研磨成细小颗粒并过 100 目筛。图 6-13b 所示为废 TiAlN 单涂层硬质合金刀片（完整刀片）、碎块和粉末的氧化质量比 W/W_0 随保温时间的变化曲线。由图 6-13b 中可以看出，在 900℃保温后，完整刀片的氧化质量比增加缓慢，碎块的氧化质量比增加较快，保温 180min 后，氧化质量比继续增加，表明此时样品未被完全氧化。硬质合金粉末的质量曲线符合抛物线规律，当保温 180min 后，氧化质量比约为 1.19，接近于硬质合金氧化时的最大理论值[117]，表明硬质合金粉末保温 180min 后被完全氧化。这与图 6-6 中 TiCN/Al_2O_3/TiN 多涂层 WC-Co 硬质合金刀片的结论一致，说明研磨成颗粒尺寸小于 0.15mm 的粉末后，涂层的种类对氧化速度影响不大，因为这么小尺度的刀片颗粒表面涂层无法隔离氧和基体。

图 6-14 所示为废 TiAlN 单涂层硬质合金刀片保温不同时间后的宏观形貌。由图 6-14a 可以看出，单涂层硬质合金刀片粉末保温 10min 和 30min 后，黑色 WC 颗粒都清晰可见；当保温时间延长到 60min 后，仅有少量黑色颗粒可以

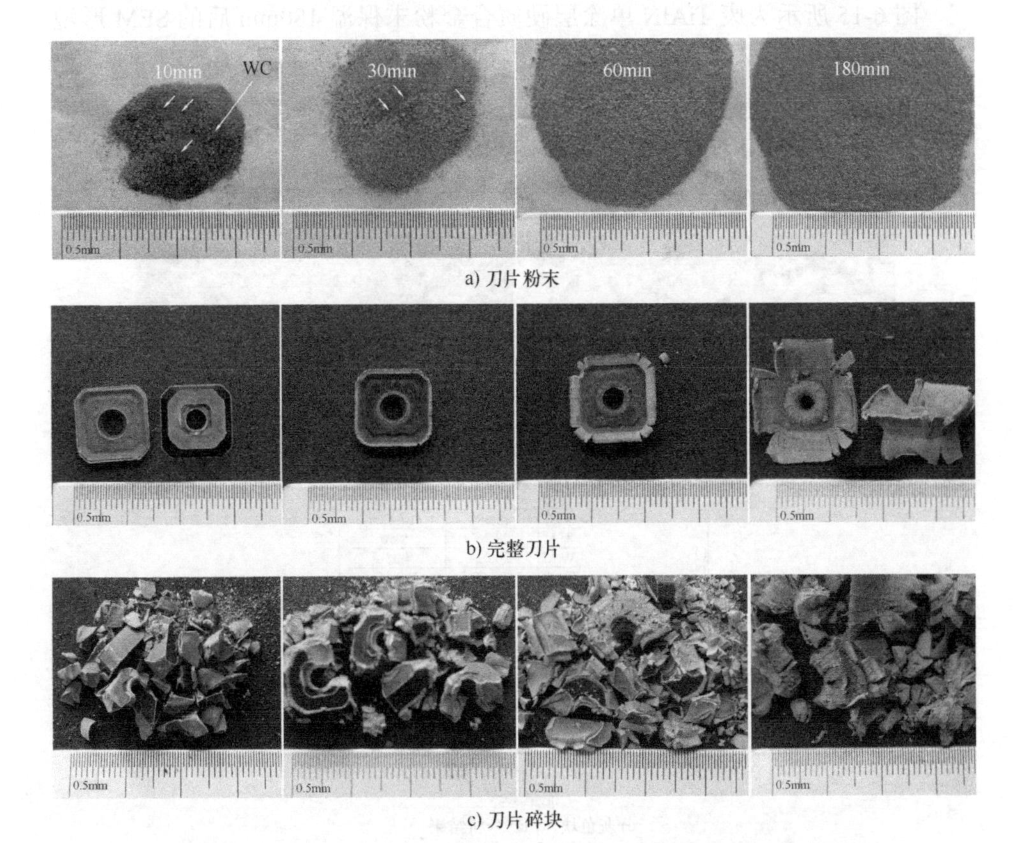

a) 刀片粉末

b) 完整刀片

c) 刀片碎块

图 6-14　废 TiAlN 单涂层硬质合金刀片保温不同时间后的宏观形貌

看到；保温 180min 时，粉末完全为蓝灰色，根据图 6-13b，此时质量比接近完全氧化时最大值，结果证实了过 100 目筛的废 TiAlN 单涂层 WC-Co 硬质合金刀片粉末已完全氧化。

涂层硬质合金刀片磨成粉末后，涂层尺寸太小不好查找。为了更深入地研究 TiAlN 涂层在氧化过程中的变化和反应机理，将未破碎的完整刀片和破碎后的废单涂层硬质合金刀片碎块在相同条件下进行氧化。如图 6-14b 所示，完整刀片表面颜色变化明显，氧化前为紫灰色，保温 30min 变成亮紫色，保温 60min 后又显示为灰色，保温 180min 后刀片表面为黄灰色。颜色的变化意味着刀片涂层在氧化过程中发生了物相变化。图 6-14c 显示刀片碎块在氧化过程中颜色变化更快，意味着氧化速度更快。结果证明，废 TiAlN 单涂层硬质合金刀片磨成粉末后氧化速度最快，未破碎的完整刀片氧化速率最慢。主要原因是涂层将氧与基体隔离，阻止了元素扩散，导致氧化进程被延缓。为缩短回收周期，采用氧化还原法回收废单涂层硬质合金前需将原料磨成粉末。

6.3.2.2 涂层在氧化产物中的分布

图 6-15 所示为废 TiAlN 单涂层硬质合金粉末保温 180min 后的 SEM 形貌

a) 粉末SEM形貌　　b) A区放大图

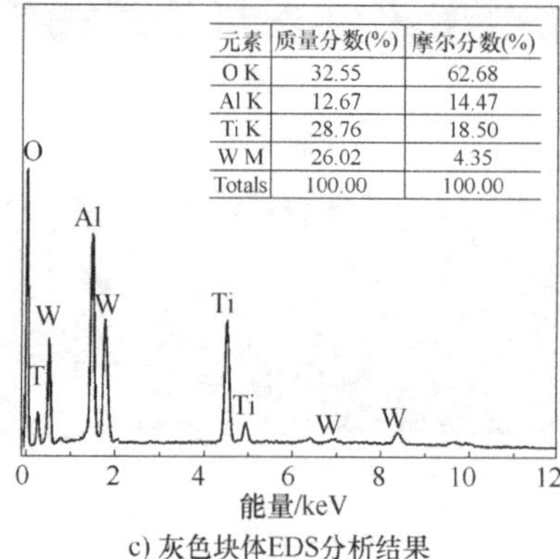

c) 灰色块体EDS分析结果

图 6-15　废 TiAlN 单涂层硬质合金粉末保温 180min 后的 SEM 形貌及 EDS 分析结果

及 EDS 分析结果。如图 6-15a 所示，在白色颗粒间，可以发现方框 *A* 中的灰色块体。图 6-15b 所示为 *A* 区放大图。EDS 分析结果（见图 6-15c）显示，该灰色块体含有氧、铝、钛和钨元素，其中氧含量较高，其摩尔分数达 62.68%，说明主要组成物质是氧化物。钨的摩尔分数较低，仅为 4.35%，该物质含有含量不低的涂层元素铝和钛，说明该灰色块体为剥离后的涂层。EDS 分析结果中未见涂层元素 N，可推测 TiAlN 涂层氧化后转化为铝和钛的氧化物。ICP 测试结果显示，保温 180min 后的粉末中铝元素含量为 228 mg/kg。结果表明，Al 元素以片状涂层形式残留在完全氧化的粉末中。性质稳定的氧化铝的存在将会影响回收 WC 粉末及再生硬质合金的性能。

6.3.2.3　单涂层硬质合金在氧化过程中的物相变化

图 6-16 所示为废 TiAlN 单涂层硬质合金刀片粉末和完整刀片表面保温不同时间后的 XRD 分析结果。其中，图 6-16a 所示为刀片粉末的 XRD 分析结果。由图 6-16a 可知，废 TiAlN 单涂层硬质合金刀片的主要成分与废 TiCN/Al_2O_3/TiN 多涂层硬质合金刀片一样，都为碳化钨和钴。保温 30min 后，除了原始成分 WC 相，出现了 $CoWO_4$ 和 WO_3 峰。保温 180min 后，氧化物的 XRD 分析结果中只剩下 $CoWO_4$ 和 WO_3 峰，未见 WC 相，说明废 TiAlN 单涂层硬质合金刀片粉末已完全被氧化，保温 180min 后完全被氧化为 $CoWO_4$ 和 WO_3 的混合物。结果与之前分析的多涂层硬质合金回收粉末一致。因为含量较低，含铝物质相并未在 XRD 分析结果中探测到。

图 6-16b 所示为完整刀片表面的 XRD 分析结果。从图 6-16b 可以看出，保温 30min 后，XRD 分析结果中也出现了 $CoWO_4$ 和 WO_3 峰，因为涂层较薄，基体成分被探测到。保温 180min 后，更多的 $CoWO_4$ 和 WO_3 峰可以看到，还出现了 Al_2O_3 和 TiO_2 的峰。根据文献［121，122］报道，这些是 TiAlN 涂层的氧化产物，与图 6-15c 中剥离涂层的 EDS 分析结果一致。XRD 分析结果中 Al_2O_3 相的信号较弱，主要原因是铝含量较低，或者部分氧化铝为非晶态，难以被探测到[121，123]。TiAlN 涂层在氧化过程中发生如下化学反应[124]：

$$2Ti_{1-x}Al_xN_y+(2-x/2)O_2 \longrightarrow 2(1-x)TiO_2+xAl_2O_3+yN_2 \qquad (6\text{-}6)$$

TiAlN 涂层完全氧化为氧化铝和氧化钛的混合物，氧化铝是一种非常稳定的物质，容易残留在硬质合金中成为杂质，导致硬质合金性能降低。因此，在回收废单涂层硬质合金时氧化铝涂层是个难题[112]。TiAlN 涂层本身不含氧化铝，但在高温加工过程中会生成氧化铝，而且在高温氧化时氧化铝是主要产物，因此 TiAlN 涂层在废单涂层硬质合金回收过程中也会影响再生产品的性能。

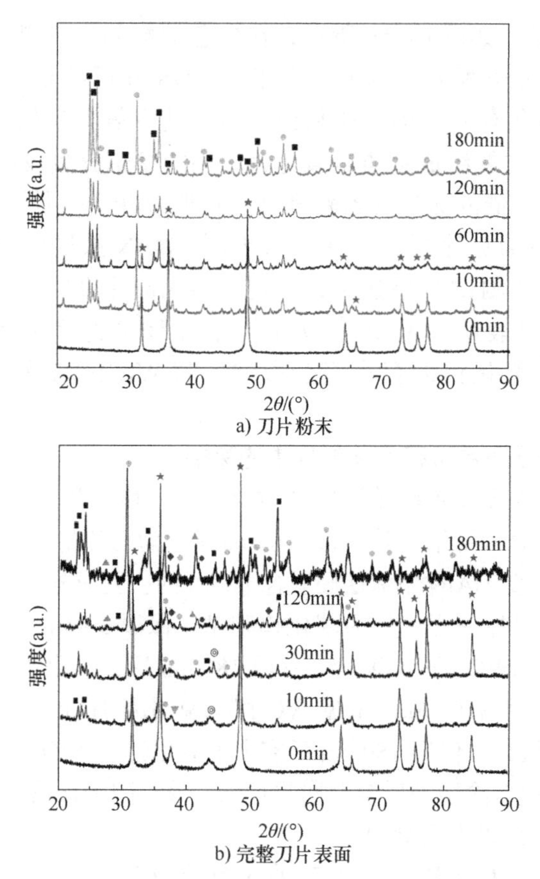

a) 刀片粉末

b) 完整刀片表面

图 6-16　废 TiAlN 单涂层硬质合金完整刀片表面和刀片粉末保温不同时间后的 XRD 分析结果

□—Co　★—WC　■—WO_3　●—$CoWO_4$　▲—TiO_2　◆—Al_2O_3　▼—$AlTi_3N$　◎—AlN

6.3.2.4　单涂层的氧化进程分析

图 6-17 所示为 TiAlN 单涂层硬质合金刀片保温不同时间后表面的 SEM 形貌和 EDS 分析结果。图 6-17a 所示为氧化前的刀片表面，从图中可以看到很多缺陷；保温 10min 之后，在表面可以看到更多的点缺陷和微裂纹，白色物质填充点缺陷，或者沿着裂纹分布，但部分完整涂层处仍然保持平整且显示为灰色。随着保温时间的延长，表面点缺陷和裂纹的数量增多。保温 120min 后，大量的白色物质分布在刀片表面，EDS 分析结果显示，白色物质含有 W、O 和 Co 元素，再结合图 6-16a 中 XRD 的分析结果，可推测白色物质主要是 WO_3 和 $CoWO_4$ 的混合物。图 6-17f 所示为放大的 SEM 形貌，图中清楚显示白色物质主要分布在裂纹等缺陷集中区域，证实了涂层阻止了元素扩散，而元素扩散主要通过缺陷来完成。这些缺陷在氧化过程中产生和扩展的主要原因是加热时因各材料热膨胀系数不同产生的应力、多孔的氧化产物和物质的挥

发，与氧化还原法回收多涂层硬质合金结果一样。氧化前，对涂层硬质合金进行淬火或喷丸等预处理来增加缺陷或破损涂层，应该可以提高氧化效率、加快氧化进程。

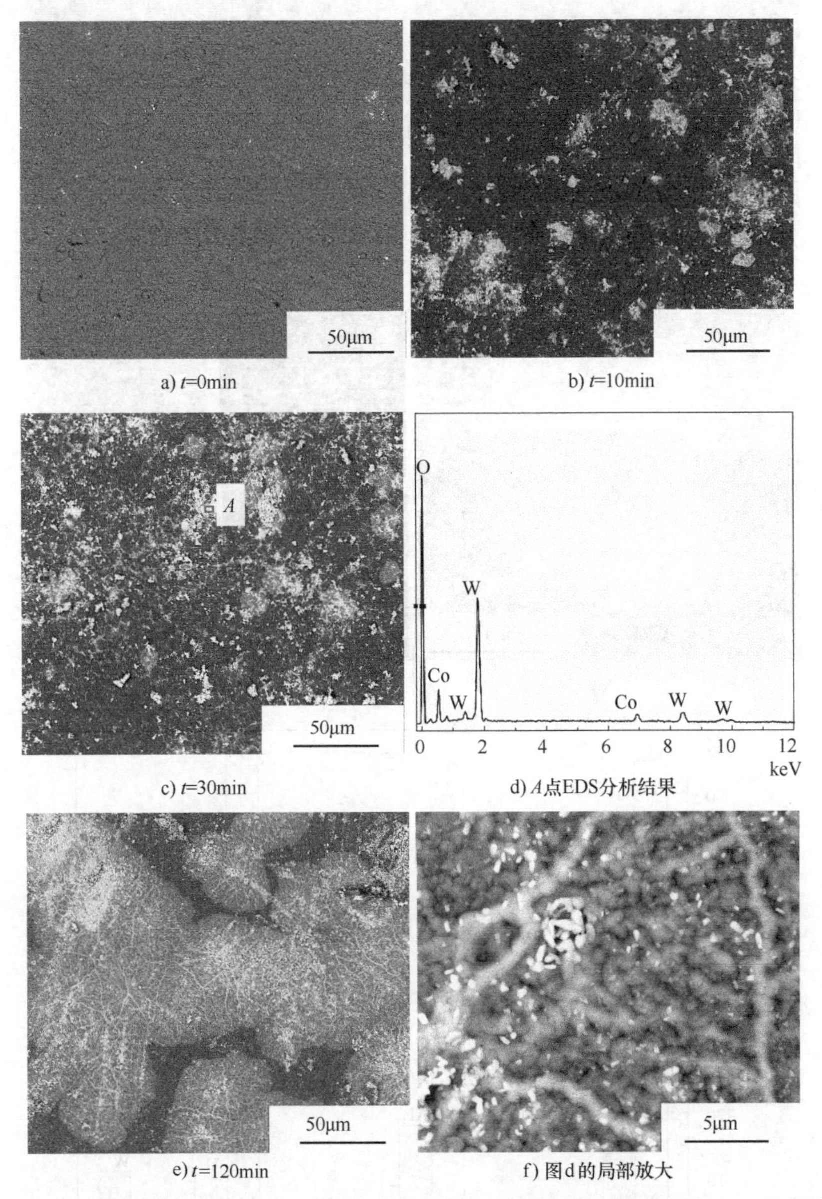

a) t=0min　b) t=10min　c) t=30min　d) A点EDS分析结果　e) t=120min　f) 图d的局部放大

图 6-17　TiAlN 单涂层硬质合金刀片保温不同时间后的表面 SEM 形貌及 EDS 分析结果

为了更深入研究涂层变化和元素分布，将未破碎的废 TiAlN 单涂层硬质合金刀片的保温时间延长到 240min。图 6-18 所示为从氧化保温 240min 后的刀

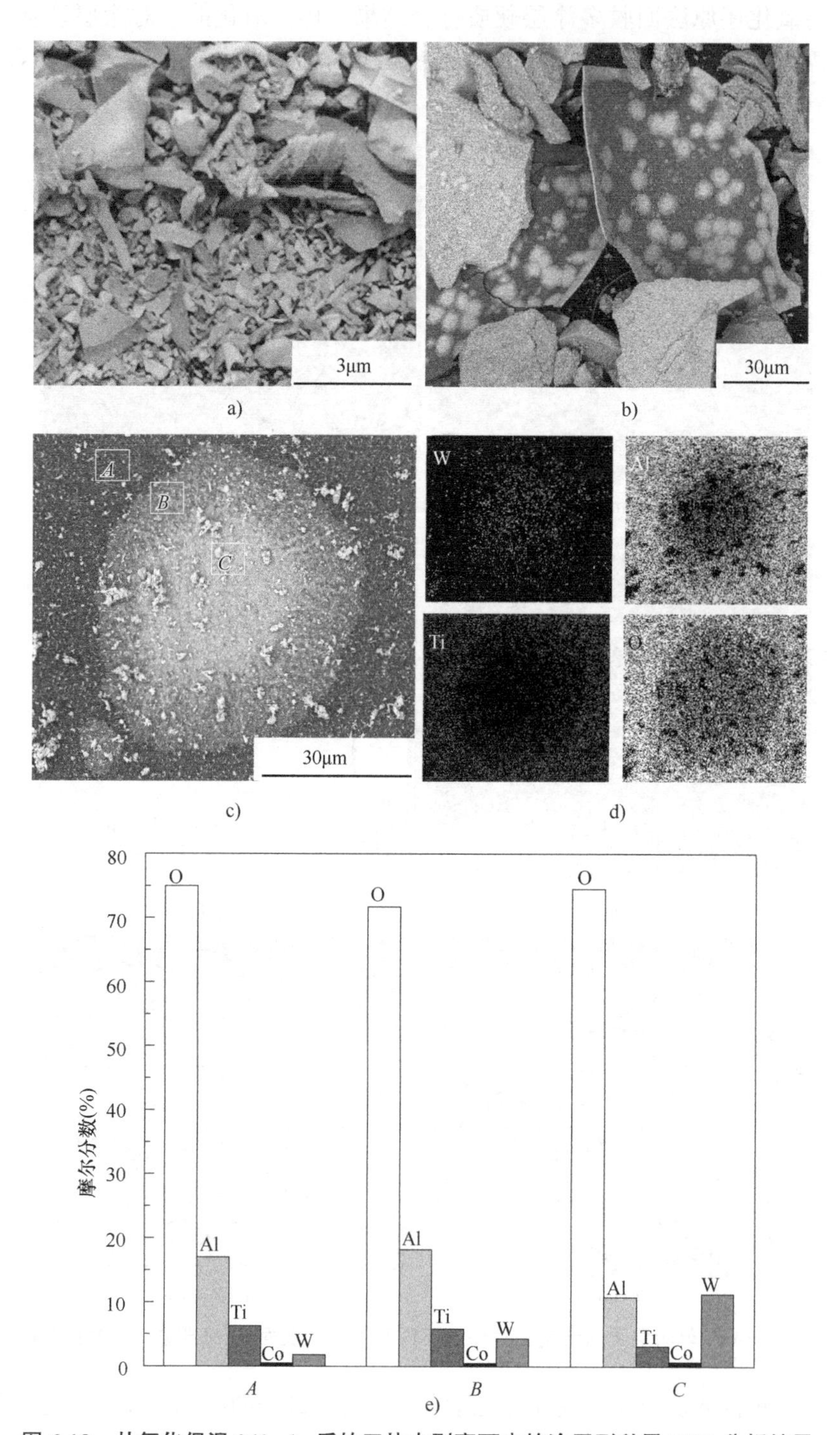

图 6-18　从氧化保温 240min 后的刀片中剥离下来的涂层形貌及 EDS 分析结果

片中剥离下来的涂层形貌及EDS分析结果。从图6-18a和图6-18b可以看出，许多片状涂层从基体中剥离下来。图6-18c所示为放大的SEM形貌，图中显示，涂层表面存在三个颜色明显不同的区域，即灰色区*A*、灰白区*B*和白色区*C*。从EDS分析结果（见图6-18d和图6-18e）及表6-2可以看出，这三个区域的氧含量都很高，表明表面主要成分为氧化物[121]。这三个区域分别是Al、Ti和W的集中区，结合XRD分析结果，推测刀片表面含有TiAlN涂层的氧化产物，即Al_2O_3和TiO_2。白色物质主要为WO_3，由图6-18c可以看出，白色物质主要分布在缺陷处，*C*区白色物质较多，可推测*C*区是缺陷的集中处。表6-2显示，刀片表面的Al含量高于Ti，因此表面Al_2O_3含量高于TiO_2，这是由于Al与O的亲和力大于Ti与O的亲和力。

表6-2 表面各点元素分布

元素	*A*点		*B*点		*C*点	
	质量分数（%）	摩尔分数（%）	质量分数（%）	摩尔分数（%）	质量分数（%）	摩尔分数（%）
O K	52.28	74.79	42.39	71.64	31.95	74.36
Al K	19.94	16.102	18.03	18.07	7.74	10.68
Ti K	12.98	6.20	10.19	5.75	3.93	3.06
Co K	0.96	0.37	0.72	0.33	1.13	0.72
W M	13.84	1.72	28.66	4.21	55.24	11.19

图6-19所示为废TiAlN单涂层硬质合金刀片保温不同时间的涂层截面形貌和元素分析结果。由图中可以看到，保温10min后，涂层依然保持致密（见图6-19a）；保温60min后，可以看到涂层中存在很多孔洞和裂纹（见图6-19b）；保温时间延长到240min后，图6-19c显示由于应力作用涂层已经断裂[53]，可以看到三层结构的涂层。从图6-19d及表6-3可以看出，涂层中氧含量高，W、Al、Ti元素分别在*A*、*B*、*C*处含量较高。结合XRD分析结果，可以推测出该三层涂层由WO_3集中的表层、Al_2O_3集中的中间层及TiO_2集中的最里层构成。新的单TiAlN涂层硬质合金刀片进行氧化试验时，完全氧化后的涂层结构为Al_2O_3/TiO_2两层[125]。产生区别的主要原因是废硬质合金刀片经过无数次数控加工后，产生了很多缺陷，这些缺陷成为元素快速扩散的通道，W元素扩散到涂层表面形成WO_3。结果显示，经过长时间氧化后，涂层由WO_3、Al_2O_3和TiO_2混合而成，因此其中氧化铝不可能被单独去除，只能将其转化为其他物质以降低对再生产品的影响，或者利用其高硬度转化为加强相来提高再生硬质合金的性能。

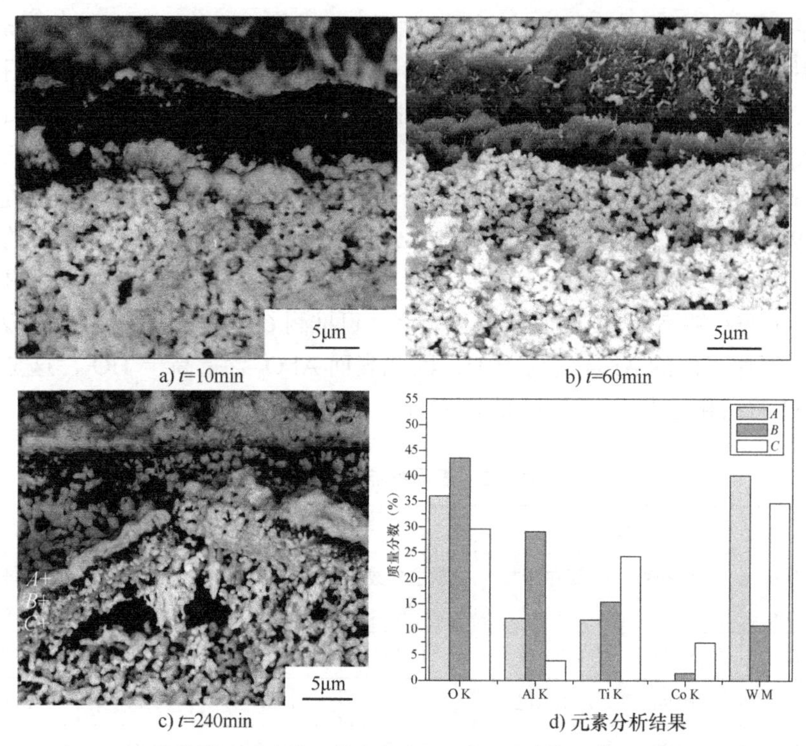

a) t=10min　b) t=60min　c) t=240min　d) 元素分析结果

图 6-19　废 TiAlN 单涂层硬质合金刀片保温不同时间后的涂层截面形貌和元素分析结果

表 6-3　涂层截面各点元素分析结果

元素	*A* 点		*B* 点		*C* 点	
	质量分数（%）	摩尔分数（%）	质量分数（%）	摩尔分数（%）	质量分数（%）	摩尔分数（%）
O K	36.00	71.07	43.46	64.73	29.57	65.63
Al K	12.16	14.24	29.12	25.71	3.92	5.16
Ti K	11.88	7.83	15.32	7.62	24.30	18.01
Co K	0.00	0.00	1.34	0.54	7.46	4.50
W M	39.95	6.96	10.76	1.39	34.75	6.71

经过分析，TiCN/Al_2O_3/TiN 多涂层和 TiAlN 单涂层硬质 WC-Co 硬质合金刀片完全氧化后的主要产物都是 WO_3 和 $CoWO_4$，涂层完全氧化后的产物都是 Al_2O_3 和 TiO_2。下面以多涂层硬质合金刀片 A 完全氧化后所得粉末为原料，研究后续的还原、碳化工艺参数和再生硬质合金制备。

6.4 钨酸钴和氧化钨共还原

6.4.1 还原工艺对含钴钨粉的影响

图 6-20 所示为完全氧化粉末在不同还原温度下通入氢气，在管式炉中保持 3h 后的 XRD 分析结果，还原升温过程参考图 6-2。从图 6-20 可以看出，当还原温度为 720℃时，得到的粉末物相可以发现 $CoWO_4$ 和 WO_2 峰，说明氧化物并没有完全被还原。当还原温度升高到 800℃时，出现了期望的 W 峰，但还有部分 WO_2 存在，氧化粉末还是没有完全被还原。当还原温度继续升高到 850℃时，得到的还原后的粉末中主要含有 W 相和钴相，WO_2 未还原相没有被探测到，因此选择还原温度为 850℃。涂层相关物相因为含量较少未被探测到。

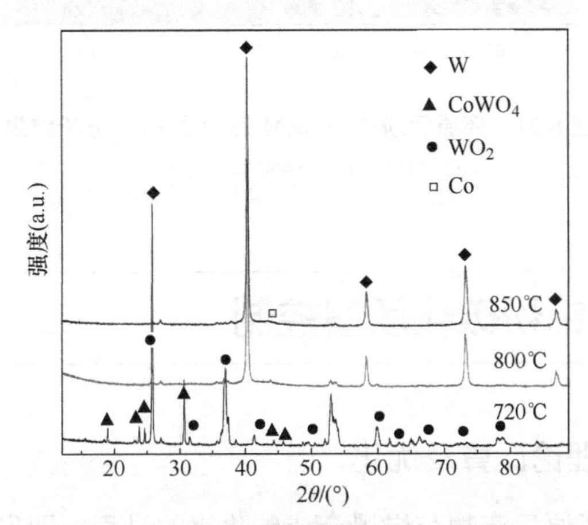

图 6-20　完全氧化粉末在不同还原温度下保持 3h 后的 XRD 分析结果

6.4.2 共还原过程机理讨论

图 6-21 所示为还原后粉末的 SEM 形貌及 EDS 分析结果。图 6-21a 和图 6-21b 所示为不同放大倍数的 SEM 形貌，从图中可以看出，还原后的粉末中颗粒大小差别较大，颗粒不均匀，容易影响再生产品的性能。图 6-21c 所示的 EDS 分析结果显示，粉末中含有的主要元素为 W，未发现涂层元素 Al。然而，经 ICP 测试发现，Al 元素在还原后的粉末中含量为 469mg/kg，可能是因为在氧化过程中涂层呈片状剥离，导致在还原后粉末中分布不均匀。

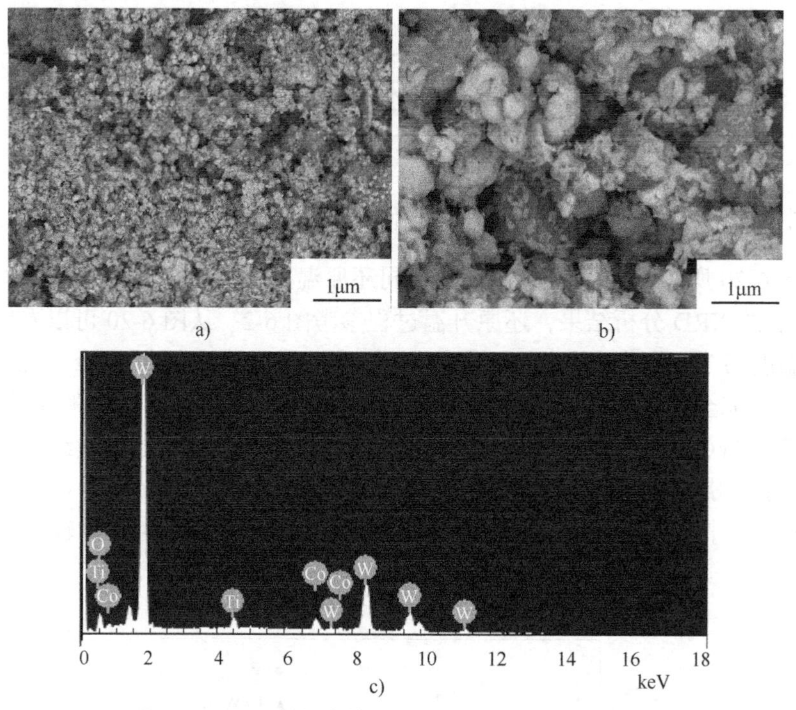

图 6-21 还原后粉末的 SEM 形貌及 EDS 分析结果

（完全氧化粉末在 850℃下还原 3h）

6.5 含钴钨粉碳化质量控制

6.5.1 配碳量理论计算及优化

碳化过程是还原后产物与炭黑合成碳化钨的过程，即先把还原后的产物与炭黑混合球磨后再放入碳化炉中高温碳化。炭黑在混合物中的比例简称为配碳量。配碳量对产品的性能影响较大，配碳量不足会引起缺碳相的形成，配碳量过多则会引起游离碳含量偏高，这些都会导致再生硬质合金性能变差。由图 6-20 所示的 XRD 分析结果可以看出，还原后的粉末中主要成分为钨。经过硫碳分析仪测试，氧含量为 2.18%（质量分数）。在碳化过程中，粉末中含有的氧必然消耗碳，转化为 CO 或者 CO_2。因此，计算配碳量时还应该考虑氧耗费的碳量，总的配碳量应该为 WC 合成需要的理论碳量与氧耗费的碳量之和，即

$$C_t = C_{WC} + C_O \tag{6-7}$$

式中　C_t、C_{WC} 和 C_O——需要的总配碳量、WC需要的理论碳量和氧耗费的碳量。

C_{WC} 按照WC的标准配碳量计算，还应考虑同条件原生钨粉碳化后的碳化钨粉中的氧含量。根据理论上氧化前废涂层硬质合金刀片粉末中含有的钨量与还原后得到的粉末中的钨含量相同，可计算出理论配碳量。在实际应用中，可根据实际情况进行修正。

6.5.2　含钴钨粉碳化进程分析

根据式（6-7）计算理论配碳量，这里设计了4个配碳量，加入炭黑含量（质量分数）分别为6.45%、6.60%、6.75%和7.00%，并与还原后的粉末混合。混合物在温度1350℃下保温2.5h完成碳化过程，XRD分析结果如图6-22所示。从图6-22可以看出，当配碳量为6.45%（质量分数，下同）时，存在明显的 Co_3W_3C 缺碳相；当配碳量提高到6.60%时，XRD分析结果中未发现 Co_3W_3C 缺碳相；随着配碳量增加到6.75%和7.00%，碳化后粉末的物相与配碳量为6.60%的产品物相基本相同。不同配碳量粉末碳化后的氧碳含量见表6-4。从表6-4可以看出，当配碳量为6.60%时，所得碳化钨粉末中的碳含量为理论值6.13%。考虑过多的游离碳将导致再生硬质合金性能变差，这里选择配碳量为6.60%。

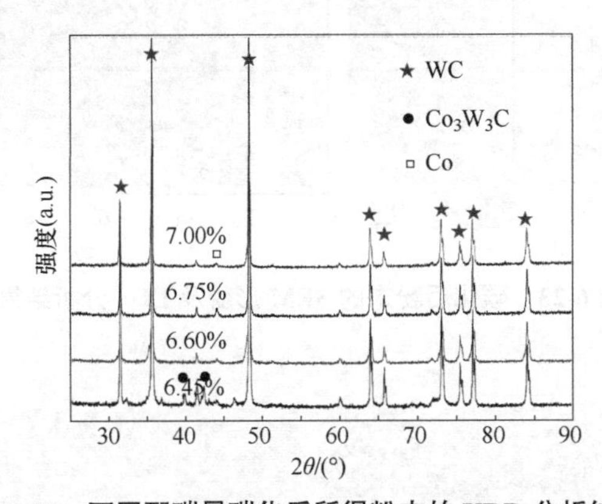

图6-22　不同配碳量碳化后所得粉末的XRD分析结果

表6-4　不同配碳量粉末碳化后的氧碳含量（质量分数）

序号	配碳量（%）	氧含量（%）	总碳含量（%）
1	6.45	0.20	5.84
2	6.60	0.20	6.13
3	6.75	0.18	6.23

还原后的粉末与占总量6.60%炭黑混合，经过球磨、碳化后得到的回收粉末的SEM形貌及EDS分析结果如图6-23所示。从图6-23a可以看出，碳化后的产物中颗粒团聚在一起，可能是含钴的缘故。从图6-23b的EDS分析结果可以看出，碳化后的粉末中除了含有主要成分元素W、C和Co，还含有涂层元素Al。ICP测试显示，铝元素含量为632mg/kg。图中未发现明显的大块杂质，可能原因是经过还原、球磨和碳化过程后，大块的氧化铝被磨细，或者转化成其他物质。铝元素在再生WC粉末中的存在形式及其对再生产品的影响，有待进一步研究。

图6-24所示为不同配碳量还原粉末碳化后制备的YG6硬质合金显微组织SEM形貌，图6-24a和图6-24b的配碳量（质量分数，下同）分别为6.60%和6.80%。从中可以看出，配碳量不同，合金的显微组织差别很大。配碳量为6.60%的合金中，WC颗粒边界清晰，孔隙分布较均匀；配碳量为6.80%的合金中，孔隙分布不均匀，WC颗粒边界不清晰。可能的原因是配碳量过多时，炭黑发生了其他反应，生成了其他产物。

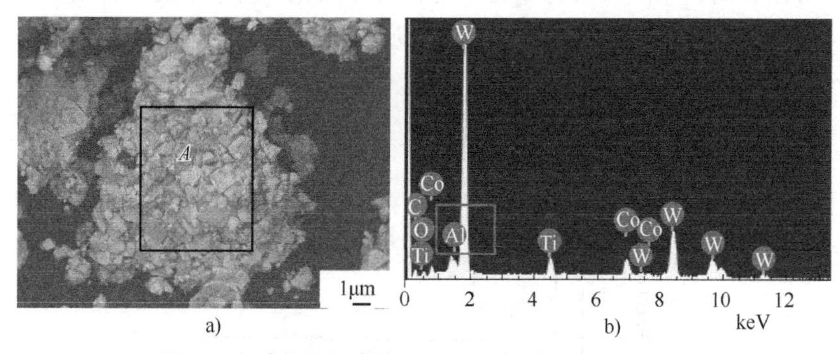

a)　　b)

图6-23　碳化后粉末的SEM形貌及EDS分析结果

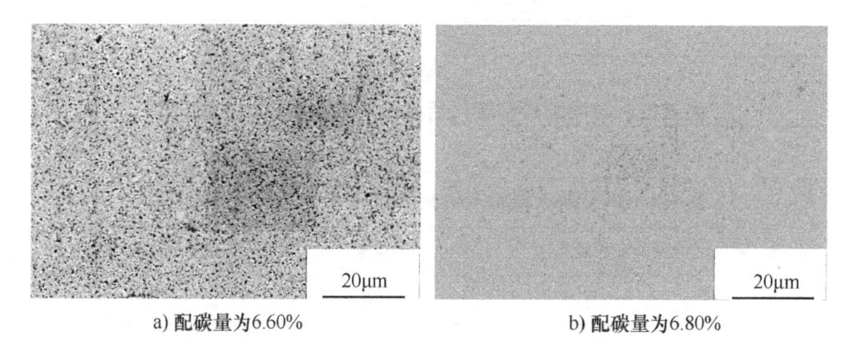

a) 配碳量为6.60%　　b) 配碳量为6.80%

图6-24　不同配碳量还原粉末碳化后制备的再生YG6硬质合金显微组织SEM形貌

6.6 混合再生硬质合金制备

为了降低杂质含量，将氧化还原法回收料部分与原生 WC 粉末混合，制备成混合再生硬质合金。表 6-5 列出了不同配料比制备的混合再生 YG10 硬质合金性能。表 6-5 显示，当氧化还原法回收 WC 粉末含量（质量分数，下同）为 30% 时，混合再生硬质合金的抗弯强度可达 2038.00 MPa，比全部以回收料为原料制备的再生硬质合金提高了近一倍。当回收 WC 粉末含量增加到 50% 时，抗弯强度降低为 1013 MPa。这种变化趋势与添加锌熔法回收 WC 粉末一致，可能的原因是当回收 WC 粉末含量为 30% 时，原生 WC 粉末与回收料中的颗粒能较好融合，抗弯强度达到最高值。当回收 WC 粉末的添加量继续增大时，合金中杂质增多，引起抗弯强度降低。表 6-5 中的数据显示，不同回收 WC 粉末比例制备合金的维氏硬度变化不大。结果表明，将回收 WC 粉末部分添加到原生粉末中是一种有效提高回收料利用率的手段，添加比例为 30% 左右时的效果较好。

表 6-5　不同配料比例制备的混合再生 YG10 硬质合金性能

编号	样品	抗弯强度 /MPa	维氏硬度 /GPa
6-1	YG10	1994.50	1563.05
6-2	YG10-R10%	1745.00	1646.64
6-3	YG10-R30%	2038.00	1679.96
6-4	YG10-R50%	1013.00	1655.02
6-5	YG10-R100%	1032.00	1630.98

6.7 氧化还原法回收废涂层硬质合金分析

1）在氧化还原法回收废涂层硬质合金过程中，涂层阻碍元素扩散，导致氧化速度降低。将废涂层合金原料磨碎成粉末后，更多的 WC-Co 界面不再受涂层限制而与氧气直接接触，因此氧化速度加快。过 100 目筛的废涂层硬质合金粉末在 900℃保温 180min 后完全被氧化为 WO_3 和 $CoWO_4$ 的混合物。

2）缺陷是废涂层硬质合金刀片在切削过程中因机械碰撞和应力产生的，

集中于刀片的侧面和边角处，刀片氧化主要开始于这些缺陷集中处。在氧化过程中，应力、物质的挥发及氧化物的多孔松散结构导致缺陷继续增长和扩展。这些缺陷为元素的扩散提供了快速通道。

3）在氧化过程中，TiN 和 TiCN 涂层最后被氧化成 TiO_2，Al_2O_3 涂层物相并未改变并阻碍元素扩散。氧气主要通过缺陷往里扩散。TiO_2 和 Al_2O_3 涂层碎片残留在完全氧化粉末中。

4）TiAlN 单涂层最后被氧化成 TiO_2 和 Al_2O_3。与新 TiAlN 单涂层硬质合金刀片抗氧化测试形成的 TiO_2/Al_2O_3 两层氧化膜结构不同，在氧化过程中，废 TiAlN 单涂层硬质合金刀片表面形成区分明显的三层结构，即富含 WO_3 的表面层、Al_2O_3 聚集的中间层及 TiO_2 聚集的最里层。与其他氧化物混合在一起，Al_2O_3 很难单独去除。

5）将配碳量为 30% 的氧化还原法回收 WC 粉末添加到原生 WC 粉末中，制备的混合再生硬质合金的抗弯强度可达 2038.00MPa，比全部以回收料为原料制备的合金提高了近一倍，这是一种提高回收料利用率的有效方法。

第 7 章 废涂层硬质合金回收与再生发展

7.1 废涂层硬质合金回收分析

在废涂层硬质合金回收利用过程中，涂层对回收工艺及再生产品的性能有一定的影响。可按照基体是否完整进行分类回收。

1）针对基体完整的涂层硬质合金，可利用一种高效剥离废硬质合金涂层的方法，即采用主要成分为过氧化氢加焦磷酸钾的剥离液成功去除废涂层硬质合金刀片的表面涂层。

① 采用剥离液可以去除废涂层硬质合金刀片表面涂层。在一定范围内，涂层去除速度随着温度和剥离夜的 pH 值增大而加快，但过高的温度和 pH 值反而导致涂层去除效率降低，主要原因是在高温或高 pH 值下，剥离液中的有效成分过氧化氢容易挥发。这里确定，TiAlN 单涂层和含 Al_2O_3 多涂层分别在温度为 55℃、溶液 pH=8 和温度为 40℃、溶液 pH=9 的条件下去除效果较好。

② 在合适条件下，刀片表面 TiN 涂层和 TiAlN 单涂层分别在 20min 和 6h 内能被去除，含氧化铝的多涂层去除所需时间相对较长。平整、光滑处涂层去除速度快于边角等不规则处。

③ 在去除涂层过程中，溶液难以贯穿涂层，进入基体和涂层内部，缺陷为溶液进入提供了快速通道。缺陷产生和扩展的主要原因是刀片加工过程中的机械磨损、热应力及去除过程中的化学反应。

2）针对基体不完整的废涂层硬质合金，可分别采用电解法、锌熔法及氧化还原法回收。

① 以盐酸作为电解液，采用电解法有效回收废涂层硬质合金刀片。

a. 电解法的回收效率在一定范围内随盐酸浓度、电压的增大而提高。过高浓度的盐酸易挥发，过高电压会产生大量氯气，导致电解回收效率降低。在盐酸溶液浓度为1.2mol/L、电压为2V的条件下，电解效率相对较高。在电解法回收过程中，盐酸溶液主要通过涂层表面的裂纹等缺陷进入基体，化学反应和气体挥发引起缺陷的产生和扩展，加速了电解回收的进程。

b. 涂层使钝化更容易发生而导致电解效率降低。破碎使更多的WC-Co基体裸露而加快反应速度，削弱涂层引起的钝化现象。研究发现，剥离的片状涂层残留在再生WC粉末中。

② 可采用锌熔法回收废TiAlN单涂层和TiCN/Al_2O_3/TiN多涂层硬质合金刀片得到再生WC粉末。用超声清洗降低回收料中的杂质含量，通过添加稀土改善再生合金性能，与原生WC粉末混合制备成再生硬质合金。

a. 在熔散过程中，涂层将熔融锌液与基体隔离，延缓了锌与基体之间的相互作用，导致熔散进程变慢，所需熔散时间相对于无涂层硬质合金更长。化学反应、扩散与溶解作用不是熔散过程中涂层被突破的主要机制，锌液主要通过缺陷进入刀片内部。因涂层与基体热膨胀系数不同产生的热应力及熔融锌液的冲击力导致缺陷产生和扩展。

b. 涂层残留在锌熔法回收的WC粉末中，或单独存在，或与WC颗粒连接紧密。

c. 因部分涂层与WC颗粒相连，采用超声清洗不能完全去除回收WC粉末中的涂层杂质；在制备再生硬质合金YG6过程中添加适量Y_2O_3，再生硬质合金的抗弯强度略有提高；锌熔法回收WC粉末与原生WC粉末按3∶7的比例混合后，制备的再生硬质合金的抗弯强度可达1811MPa。

③ 可采用氧化还原法回收废涂层硬质合金刀片，并添加稀土或原生WC粉末混合制备成再生硬质合金。

a. 在氧化过程中，涂层阻碍氧元素扩散，导致氧化速度降低。在破碎后的废涂层硬质合金刀片中，更多的WC-Co界面可以与氧气直接接触，氧化速度加快。尺寸小于0.15mm的废涂层硬质合金刀片粉末在900℃条件下保温180min后，可被完全氧化为WO_3和$CoWO_4$混合物。

b. 氧气难以通过致密的涂层，缺陷成为氧气和元素扩散的主要途径。在氧化过程中，热应力、多孔氧化物的形成及物质的挥发导致缺陷产生和扩展。缺陷，尤其是裂纹，随着保温时间的延长，其数量增多且尺寸增大；在回收末期，废多涂层最大裂纹尺寸超过3μm。涂层之间及涂层与基体之间的连接紧密程度随着氧化进程而减弱，最终导致部分涂层被剥离。

c. TiCN和TiN涂层最终被氧化成TiO_2，Al_2O_3涂层较稳定而未发生相转变。结果显示，TiCN/Al_2O_3/TiN多涂层完全氧化后为TiO_2/Al_2O_3/TiO_2结构，在应力作用下开裂。TiAlN单涂层中的氧化产物为TiO_2和Al_2O_3混合物。废硬质合金刀片表面的 TiAlN 涂层，完全氧化后不是转化为 Al_2O_3/TiO_2 两层结构，而是分层明显的三层结构，即含 WO_3 集中的表面层、Al_2O_3 集中的中间层及 TiO_2 集中的的最里层，主要原因是来自基体的 W 元素通过缺陷扩散到表面。因 Al 与 O 的亲和力大于 Ti 与 O，TiO_2 集中在最里层。片状涂层残留在完全氧化后的粉末中，氧化铝与其他物质混合难以去除。

d. 完全氧化后的物质在还原炉中通入氢气还原。还原温度为 720℃和 800℃时保温 3h 后，主要物相都含 WO_2；还原温度升高到 850℃保温 3h 后，还原产物主要为 W 粉。还原后粉末中的 Al 元素含量为 469mg/kg。杂质在碳化过程中会消耗碳源，配碳时应考虑杂质的耗碳量。

e. 回收 WC 粉末与原生 WC 粉末按 3∶7 的比例混合后制备的再生硬质合金的抗弯强度接近原生 WC 粉末制备的合金，比原料全部为回收料制备的合金提高一倍。当回收 WC 粉末含量增加到 50%（质量分数）时，抗弯强度降低为与完全回收料制备再生硬质合金相当。再生粉末与原生 WC 粉末混合使用是一种提高再生料应用的有效方法。

7.2 废涂层硬质合金回收进一步发展方向

本书对大量涂层硬质合金刀片进行了分类、总结、试验，并自制试验装置，从各个试验参数设置到机理推敲，采用不同方法进行对比研究、反复测试和验证。本书系统介绍了废涂层硬质合金回收工艺影响规律及机理，在理论上进行了阐述并提出了应用思路，找到了一定规律和发展趋势，得到的再生产品性能能够达到国家标准，满足基本要求，这将为下一步工业化大规模生产提供理论依据和借鉴。但是，受制于实验室量小、回收量是小批量、所用原料主要用于研究杂质影响等因素，同时实验室使用的标准试验，对比工业化生产出现整体性能偏低情况，科研道路任重道远。未来重点探索工业化大批量生产工艺、有效控制和提升产品性能，需更多地参与企业技术研发，实现废涂层硬质合金回收再利用产业的可持续健康发展，为钨资源充分利用贡献一份力量。

参 考 文 献

[1] MA X，QI C，YE L，et al.Life cycle assessment of tungsten carbide powder production：A case study in China [J]. Journal of Cleaner Production，2017，149：936-944.

[2] 杨斌，陈广军，石安红，等.废旧硬质合金短流程回收技术的研究现状 [J]. 材料导报，2015（3）：68-74.

[3] NORGREN S，GARCÍA J，BLOMQVIST A，et al.Trends in the P/M hard metal industry [J]. International Journal of Refractory Metals and Hard Materials，2015，48：31-45.

[4] 王瑶，宋晓艳，刘雪梅，等.氧化-还原碳化法回收再生高性能硬质合金的研究 [J]. 稀有金属材料与工程，2014，43（12）：3172-3176.

[5] MEHROTRA P K.Reduction of environmental impact in hardmetal technologies [J].Metal Powder Report，2017，72（4）：267-270.

[6] 刘雪梅，宋晓艳，魏崇斌，等.废旧硬质合金回收制备 WC-Co 复合粉末的新技术 [C]. 第十次全国硬质合金学术会议.2010：125-127.

[7] 路讯.肯纳金属有限公司投资硬质合金的回收利用 [J]. 粉末冶金工业，2013（3）：36.

[8] BOBZIN K. High-performance coatings for cutting tools [J]. CIRP Journal of Manufacturing Science and Technology，2017，18：1-9.

[9] 吴子军，刘坚.废旧涂层硬质合金的去涂层方法研究 [J]. 有色金属再生与利用，2005（2）：19-20.

[10] 宋诚，朱丽慧，刘振宇，等.α-Al_2O_3 层厚度对 TiN/TiCN/Al_2O_3/TiN 涂层抗氧化性能的影响 [J]. 硬质合金，2016，33（6）：365-372.

[11] 刘阳.废涂层硬质合金刀具的涂层剥离研究 [D]. 南昌：南昌大学，2013.

[12] 张少锋，黄拿灿，吴乃优，等.PVD 氮化钛涂层刀具切削性能的试验研究 [J]. 金属热处理，2006（7）：50-52.

[13] 穆健刚，梁俊才，王铁军，等.Ti 靶微观组织对 TiN 涂层性能的影响 [J]. 热加工工艺，2018，47（2）：208-211.

[14] 王永林，李迎吉.TiN 涂层在一般零件表面的摩擦磨损性能 [J]. 装备制造技术，2017（12）：143-145.

[15] 吴娜梅.几种氮化物涂层高温磨损性能研究 [D]. 南昌：南昌航空大学，2015.

[16] 刘海浪，羊建高，黄如愿.硬质合金涂层刀具研究进展 [J]. 凿岩机械气动工具，2009（2）：52-59.

[17] 曾琨.电弧离子镀 TiAlN、AlTiN 和 AlTiN/TiSiN 涂层的高温摩擦磨损行为研究 [D]. 广州：广东工业大学，2016.

[18] 谢新良.氧化铝涂层高温摩擦磨损性能研究 [D]. 沈阳：东北大学，2014.

[19] FALLQVIST M，OLSSON M，RUPPI S.Abrasive wear of multilayer κ-Al_2O_3-Ti（C，N）CVD coatings on cemented carbide [J]. Wear，2007，263：74-80.

[20] RUPPI S.Deposition，microstructure and properties of texture-controlled CVD α-Al_2O_3 coatings [J]. International Journal of Refractory Metals and Hard Materials，2005，23（4-6）：306-316.
[21] IWAI Y，MIYAJIMA T，MIZUNO A，et al. Micro-Slurry-jet Erosion（MSE）testing of CVD TiC/TiN and TiC coatings [J]. Wear，2009，267：264.
[22] 陈响明 . 硬质合金刀具 TiN-TiCN-Al_2O_3-TiN 多层复合涂层制备与组织性能研究 [D]. 长沙：中南大学，2012.
[23] 苗兴军，周长松，袁桂西，等 . 电化学溶解法处理废硬质合金 [J]. 中国资源综合利用，1984（1）：13-21.
[24] 程宁，徐庆莘，陈兴存，等 . 电解法再生产硬质合金原料的研究 [J]. 山东矿业学院学报，1989（4）：48-51.
[25] 张外平 . 电溶法处理低钴硬质合金废料的研究 [J]. 硬质合金，2006，23（2）：107-109.
[26] 梁勇 . 钴基废合金中钴的回收工艺研究进展 [J]. 稀有金属与硬质合金，2009，37（4）：58-60.
[27] 孙本良，李成威 . 废旧硬质合金生产硬质合金制品粉末原料的方法：2003101048688 [P].2005-04-27.
[28] 柴立元，钟海云 . 电解法回收废旧硬质合金 [J]. 稀有金属与硬质合金，1996（3）：38-42.
[29] 储志强 . 选择性电解法处理废硬质合金的研究 [J]. 湖南冶金，1997（2）：4-7.
[30] 杨兆文，于泉国 . 影响电溶法回收废硬合金工艺及产品质量的因素分析 [J]. 山东机械，1989（5）：6-10.
[31] 张长理 . 电解法处理废硬质合金 [J]. 中国物资再生，1992（8）：13-15.
[32] 唐华生 . 硬质合金的回收 [J]. 江西有色金属，1988（2）：13-16.
[33] 刘文 . 锌熔法的应用与发展 [J]. 金属再生，1989（2）：14-47.
[34] 张承忠，孙秋霞，张洪绪 . 锌热腐蚀法回收硬质合金的研究 [J]. 粉末冶金技术，1989（3）：129-133.
[35] 刘秀庆，许素敏，王开群 . WC-Co 硬质合金废料的回收利用 [J]. 有色金属，2003（3）：59-61.
[36] 刘飞鹏 . 锌熔法回收废硬质合金 [J]. 云南冶金，1987（4）：42-46.
[37] 赵万军 . 再生硬质合金性能提高及工艺优化研究 [D]. 长沙：中南大学，2009.
[38] 韩培德，吴宇，黄源 . 锌熔法回收硬质合金质量分析 [J]. 太原理工大学学报，1998（3）：62-64.
[39] 戴珍，林晨光，林中坤 . 稀土对锌熔法再生 WC-8Co 合金微观组织的影响 [J]. 稀有金属，2013（3）：359-364.
[40] 谭敦强，李亚蕾，杨欣，等 . 杂质元素对钨产品结构及性能的影响 [J]. 材料导报，2013（17）：98-100.
[41] 格里斯，陈立兰 . 废旧硬质合金的回收 - 化学法和锌熔法的比较 [J]. 四川有色金属，2000（4）：53-56.
[42] BONDARENKO V，PAVLOTSKAYA E，MARTYNOVA L. Production of tungsten-cobalt

cemented carbides［J］. Materials & Processing Report，2002，17（1）：30-33.
［43］周新华，王力民，彭英健 . 我国硬质合金再生产业现状与发展［J］. 硬质合金，2016（5）：356-364.
［44］LOFAJ F，KAGANOVSKII Y S.Kinetics of WC-Co oxidation accompanied by swelling［J］. Journal of Materials Science，1995，30（7）：1811-1817.
［45］XA3AH A 3 ，杨钰 . 含钨钴硬质合金废料的氧化 - 还原处理［J］. 中国钨业，1990（6）：29-31.
［46］XA3AH A 3 ，王保士 . 氧化还原法加工钨钴硬质合金废料［J］. 国外稀有金属，1990（6）：36-39.
［47］石安红，苏琪，刘柏雄，等 . 废旧硬质合金高效氧化行为研究［J］. 稀有金属，2016（11）：1138-1144.
［48］张陟 . 硬质合金废料再生技术简述［J］. 材料导报，1990（7）：17-20.
［49］HAUBNER，刘凤英 . 钨的还原机理（述评Ⅱ）［J］. 稀有金属材料与工程，1984（5）：6-13.
［50］王祖南 . 钨还原现代理论综述：氢还原氧化钨过程及粒度控制［J］. 硬质合金，1991，8（1）：14-21.
［51］刘原，唐建成，雷纯鹏，等 . 氧化钨还原过程及机理研究［J］. 粉末冶金工业，2012（4）：26-29.
［52］石安红 . 两步还原法制备超细钨基粉末及细化机理研究［D］. 赣州：江西理工大学，2017.
［53］JUNG W G.Recovery of tungsten carbide from hard material sludge by oxidation and carbothermal reduction process［J］. Journal of Industrial and Engineering Chemistry，2014，20（4）：2384-2388.
［54］GU W，JEONG Y S，KIM K，et al. Thermal oxidation behavior of WC–Co hard metal machining tool tip scraps［J］. Journal of Materials Processing Technology，2012，212（6）：1250-1256.
［55］何文，谭敦强，陆磊，等 . Ce 和 Y 对 YG6 硬质合金组织及性能的影响［J］. 稀土，2015（6）：51-56.
［56］魏庆丰，孙景，李昌青 . 稀土添加剂在硬质合金中的应用研究［J］. 稀有金属与硬质合金，2002（2）：33-36.
［57］何文，谭敦强，朱红波，等 . 铈与 YG6 硬质合金制备过程中富钙相的交互作用［J］. 粉末冶金材料科学与工程，2016（4）：515-521.
［58］彭飞 . 纳米稀土硬质合金 YG11R 的成分与工艺优化及磨损研究［D］. 哈尔滨：哈尔滨工业大学，2008.
［59］袁逸，邬荫芳 . 稀土对钴基合金及硬质合金的影响［J］. 硬质合金，1994（1）：1-9.
［60］尤力平，刘少峰，贺从训，等 . 含钇 WC-Co 系硬质合金中钇相的电子显微镜研究［J］. 中国稀土学报，1990（4）：371-372.
［61］KARBASI M，ZAMANZAD GHAVIDEL M R，NEKAHI A.Corrosion behavior of HVOF sprayed coatings of NiTiC and Ni（Ti，W）C SHS produced composite powders and Ni+TiC mixed powder［J］. Materials and Corrosion，2014，65（5）：485-492.

[62] 杨海林，周雪安，赵万军，等 .Y_2O_3 对锌熔再生硬质合金组织及性能的影响 [J]. 硬质合金，2010，27 (2)：65-70.
[63] 刘寿荣，梁福起，孙景，等 . WC-8Co 硬质合金中稀土添加剂的作用 [J]. 中国稀土学报，1998，16 (1)：45-49.
[64] 冯亮，杨艳玲，陆德平，等 . Y_2O_3 对再生 WC-8Co 硬质合金性能的影响 [J]. 稀土，2014，35 (1)：30-34.
[65] 袁逸，白元强，冯惠平，等 . 钇在钴基合金和硬质合金中的作用 [J]. 粉末冶金技术，1995 (2)：93-98.
[66] 袁逸，汪新义，邬荫芳 . 钇提高 YT14 硬质合金耐磨性的机制 [J]. 中国稀土学报，1997 (1)：51-55.
[67] 罗重麟 . 稀土元素对硬质合金性能影响的研究 [J]. 硬质合金，1991 (2)：12-19.
[68] 李规华，严兰英，等 . YG6R 稀土硬质合金的研究 [J]. 粉末冶金技术，1994 (3)：206-209.
[69] 汪有明，贺从训，赵伯琅，等 . 中国含稀土元素的硬质合金研究 [J]. 中国钨业 1999 (Z1)：187-195.
[70] XU C，AI X，HUANG C.Research and development of rare-earth cemented carbides [J]. International Journal of Refractory Metals & Hard Materials，2001，19 (3)：159-168.
[71] 汪仕元，潘启芳，雍志华，等 . 稀土元素对 WC-Ni 硬质合金性能的影响 [J]. 粉末冶金技术，1996 (4)：51-56.
[72] 贺从训，汪有明，林晨光 . 稀土在硬质合金中的应用研究 [J]. 硬质合金，1994 (03)：1-5.
[73] 魏仕勇，万珍珍，付青峰，等 . 再生 WC-Co 粉制备硬质合金的研究 [J]. 热处理技术与装备，2014，35 (5)：18-21.
[74] 赵万军，阮建明，杨海林，等 . 回收 WC 制备硬质合金过程中的碳量控制 [J]. 粉末冶金材料科学与工程，2007 (6)：359-363.
[75] 阮建明，赵万军，杨海林 . 再生硬质合金制备工艺及组织与性能研究 [J]. 硬质合金，2009 (04)：267-275.
[76] 方兴建 . 废硬质合金的破碎工艺：2010106062499 [P] .2011-05-11.
[77] 史顺亮，吴翔，江庆 . 不同再生原料添加比例对 WC-10%Co 硬质合金性能的影响 [J]. 四川冶金，2015，37 (4)：14-17.
[78] 程秀兰，洪海侠，姚雄志，等 . 一种矿用 WC-Co 硬质合金的制备方法：2014105511997 [P] .2015-02-18.
[79] 李波，周彤，胡恒宁 . 硬质合金刀片 TiAlN、TiN 涂层退镀方法：2017112014583 [P] .2018-05-04.
[80] 吴子军，张平，曾劲松，等 . 涂层硬质合金回收料生产硬质合金的工艺探索 [J]. 硬质合金，2005，22 (3)：170-172.
[81] 吴子军 . 一种去除涂层硬质合金表面涂层物的方法：2005100210975 [P] . 2005-11-16.
[82] MARIMUTHU S，KAMARA A M，WHITEHEAD D，et al. Laser removal of TiN coatings from WC micro-tools and in-process monitoring [J]. Optics&Laser Technology，2010，42 (8)：1233-1239.

[83] 刘阳，谭敦强，陆德平，等. 化学法去除废旧硬质合金表面 TiN 涂层过程中的腐蚀行为 [J]. 粉末冶金材料科学与工程，2013（1）：20-25.
[84] 刘阳，谭敦强，龙建，等. 熔融 NaOH 去除废旧硬质合金表面涂层 [J]. 粉末冶金材料科学与工程，2012，17（2）：228-233.
[85] 席晓丽，肖相军，马立文，等. 多步选择性电解回收废硬质合金中金属的方法：2016107283208 [P].2016-12-14.
[86] 谭翠丽，许开华. 一种从废弃硬质合金回收碳化钨的方法 2010102100203 [P]. 2010-10-20.
[87] 段冬平. 电溶法处理废硬质合金回收金属钴和碳化钨 [J]. 益阳师专学报，1998，15（5）：43-45.
[88] FREEMANTLE C S，SACKS N，TOPIC M，et al. Impurity characterization of zinc-recycled WC-6wt.% Co cemented carbides [J]. International Journal of Refractory Metals and Hard Materials，2014，44：94-102.
[89] BROOKES K J A.Hardmetals recycling and the environment [J]. Metal Powder Report，2014，69（5）：24-30.
[90] FREEMANTLE C S，SACKS N，TOPIC M，et al. PIXE as a characterization technique in the cutting tool industry [J]. Nuclear Instruments and Methods in Physics Research Section B：Beam Interactions with Materials and Atoms，2014，318，Part A：168-172.
[91] ALTUNCU E，USTEL F，TURK A，et al. Cutting-tool recycling process with the zinc-melt method for obtaining thermal-spray feedstock powder（WC-Co）[J]. Materiali in Tehnologije，2013，47（1）：115-118.
[92] BROOKES K J.Hardmetals group studies coatings [J]. Metal Powder Report，2014，69（2）：22-27.
[93] 吕艳红，武旭升，刘焱飞，等. Al_2O_3-TiB_2 复合陶瓷涂层制备及耐液锌腐蚀性能 [J]. 中国表面工程，2011（4）：30-33.
[94] ZHANG J，DENG C，SONG J，et al. MoB-CoCr as alternatives to WC-12Co for stainless steel protective coating and its corrosion behavior in molten zinc [J]. Surface and Coatings Technology，2013，235：811-818.
[95] REN X，MEI X，SHE J，et al. Materials resistance to liquid zinc corrosion on surface of sink roll [J]. Journal of Iron and Steel Research，International，2007，14（5）：130-136.
[96] ZHANG D，SHEN B，SUN F. Study on tribological behavior and cutting performance of CVD diamond and DLC films on Co-cemented tungsten carbide substrates [J]. Applied Surface Science，2010，256（8）：2479-2489.
[97] BRASSARD J D，SARKAR D K，PERRON J，et al. Nano-micro structured superhydrophobic zinc coating on steel for prevention of corrosion and ice adhesion [J].Journal of Colloid and Interface Science，2015，447：240-247.
[98] MATEI A A，PENCEA I，BRANZEI M，et al. Corrosion resistance appraisal of TiN，TiCN and TiAlN coatings deposited by CAE-PVD method on WC–Co cutting tools exposed to artificial sea water [J]. Applied Surface Science，2015，358，Part B：572-578.

[99] BUNSHAH R F. Handbook of hard coatings [M] . Noyes Publications/William Andrew Publishing，New York，2001：77-223，0-8155-1438-7.

[100] WANG H，WANG X，SONG X，et al. Sliding wear behavior of nanostructured WC-Co-Cr coatings [J] . Applied Surface Science，2015，355：453-460.

[101] LEE C，PARK H，YOO J，et al. Residual stress and crack initiation in laser clad composite layer with Co-based alloy and WC + NiCr [J] . Applied Surface Science，2015，345：286-294.

[102] ZHENG Y J，LENG Y X，XIN X，et al. Evaluation of mechanical properties of Ti（Cr）SiC（O）N coated cemented carbide tools [J] . Vacuum，2013，90（2）：50-58.

[103] KUANG H，TAN D，HE W，et al. Mechanism of multi-layer composite coatings in the zinc process of recycling coated WC-Co cemented-carbide scrap [J] . Materiali in tehnologije，2017，51（6）：997-1003.

[104] LIU J，PARK S，NAGAO S，et al. The role of Zn precipitates and Cl anions in pitting corrosion of Sn-Zn solder alloys [J] . Corrosion Science，2015，92：263-271.

[105] 陈颢，羊建高，王宝健，等 . 硬质合金刀具涂层技术现状及展望 [J] . 硬质合金，2009，26（1）：54-58.

[106] 邝海 . 锌熔法回收废旧硬质合金的研究进展 [J] . 稀有金属与硬质合金，2016（5）：79-82.

[107] 黄石，赖为华，杨金辉 . 少量 A1 对 WC-13%Fe/Co/Ni 硬质合金性能和组织的影响 [J] . 粉末冶金技术，1996（2）：108-115.

[108] 林中坤，林晨光，曹瑞军 . 国内外硬质合金再生利用的发展现状与对策 [J] . 硬质合金，31（5）：315-321.

[109] 林晨光，林中坤，张志士，等 . 稀土对锌熔法再生 WC-8Co 硬质合金组织性能的影响 [C] //2012 中国有色金属加工行业技术进步产业升级大会论文集 . 北京：中国有色金属加工工业协会，2012：391-398.

[110] 秦琴，栾道成，王正云，等 . 添加 TaC 和 Y_2O_3 对超细 YG6 硬质合金组织及性能的影响 [J] . 稀有金属与硬质合金，2012，40（2）：48-52.

[111] 杨艳玲，吴爱华，陆德平，等 . 一种提高稀土氧化物在硬质合金中应用效果的碳控制技术：2012103749982 [P] . 2012-12-26.

[112] 朱红波，杨欣，谭敦强，等 . WC-Co 硬质合金制备中铝元素对钨产品的影响 [J] . 粉末冶金材料科学与工程，2016，21（2）：202-208.

[113] CHEN X，LIU H，GUO Q，et al. Oxidation behavior of WC-Co hard metal with designed multilayer coatings by CVD [J] . International Journal of Refractory Metals and Hard Materials，2012，31：171-178.

[114] BARBATTI C，GARCIA J，BRITO P，et al. Influence of WC replacement by TiC and（Ta，Nb）C on the oxidation resistance of Co-based cemented carbides [J] . International Journal of Refractory Metals and Hard Materials，2009，27（4）：768-776.

[115] SHIMADA S，JOHNSSON M，Urbonaite S. Thermoanalytical study on oxidation of TaC1-xNx powders by simultaneous TG-DTA-MS technique [J] . Thermochimica Acta，2004，419（1-2）：143-148.

[116] KIM S，SEO B，SON S. Dissolution behavior of cobalt from WC-Co hard metal scraps by oxidation and wet milling process [J]. Hydrometallurgy，2014，143：28-33.
[117] LOFAJ F，KAGANOVSKII Y S. Kinetics of WC-Co oxidation accompanied by swelling [J]. Journal of Materials Science，1995，30 (7)：1811-1817.
[118] WEBB W W. Oxidation studies in metal-carbon systems [J]. Journal of the Electrochemical Society，1955，103 (2)：112.
[119] ZHU L，ZHANG Y，HU T，et al. Oxidation resistance and thermal stability of Ti (C，N) and Ti (C，N，O) coatings deposited by chemical vapor deposition [J].International Journal of Refractory Metals and Hard Materials，2016，54：295-303.
[120] BASU S N，SARIN V K. Oxidation behavior of WC-Co [J]. Materials Science and Engineering：A，1996，209 (1-2)：206-212.
[121] WU Z T，SUN P，QI Z B，et al. High temperature oxidation behavior and wear resistance of $Ti_{0.53}Al_{0.47}N$ coating by cathodic arc evaporation [J]. Vacuum，2017 (135)：34-43.
[122] CHEN T，XIE Z，GONG F，et al. Correlation between microstructure evolution and high temperature properties of TiAlSiN hard coatings with different Si and Al content [J]. Applied Surface Science，2014，314：735-745.
[123] XIAO B，LI H，MEI H，et al. A study of oxidation behavior of AlTiN-and AlCrN-based multilayer coatings [J]. Surface and Coatings Technology，2018，333：229-237.
[124] PANJAN P，NAVINŠEK B，ČEKADA M，et al. Oxidation behaviour of TiAlN coatings sputtered at low temperature [J]. Vacuum，1999，53 (1-2)：127-131.
[125] LEE K，SEO S，LEE K. Oxidation behaviors of TiAl (La) N coatings deposited by ion plating [J]. Scripta Materialia，2005，52 (6)：445-448.